U0223022

理想的小镇

李彦漪 著

生活·讀書·新知 三联书店　生活書店出版有限公司

没有个体。甚至没有单独的物种。
森林中的一切都是森林。

——《树语》（*The Overstory*）

理查德 • 鲍尔斯（Richard Powers）

序：人生，就是一场选择

欢迎来到新时代。

从一份广告业的调查中发现，人们对于广告当中的两个词是最容易产生反应的，其中之一就是“新”（另一个是“免费”，极为合情合理）。人们对于“新”总是充满了憧憬，仿佛“新”就必然是优于现状的，是充满了希望、拥有无限可能的。在一个商品社会中，这么解释显然是合理的。创造一个还不如现状的“新”，我们会默认是哪里出了问题。我们对“新”的另一个感受是，它应该是一下子蹦出来的，前一秒还不存在，下一秒就闪亮登场了，仿佛魔法。在完全习以为常以后，我们的记忆往往会被覆盖，以至于很难再记起第一次接触“魔法”时的场景，只是以常理推论，认定必然会有那样的一瞬间。有兴趣的话，可以上网找找看 2007 年 1 月 9 日史蒂夫・乔布斯向全世界亮出 iPhone 的那一刻，你会看到我们对于

“新”，可以抱着怎样的激动和兴奋。那是非常典型的瞬间，完美诠释了我们对于“新”的感受。

然而，新时代是不一样的。它是慢慢来的。我们第一次听说这是个新时代、新世界时，一般都是抱着怀疑态度，生怕被人误导了。我们比较擅长辨别“新的朝代”，对于“新的时代”却将信将疑，只因新朝代有明确信号，有肉眼可见的“万象更新”，而新时代却没有。旧世界的崩塌不是一夜之间发生的，起初也许只是冰面上一点点并不起眼的裂痕。观察到冰川的一点退缩，并不会让我们认定冰河期就此结束。我们要等到很久以后，看过足够多的变化发生，并且确信变化不可逆转，才会相信自己已经身处新时代。所以，时代的、世界的“新”，与我们通常对于“新”的感受，有点不一样。

现在，哪怕再顽固的人，也不能否认自己身处一个新时代和新世界了，不论喜不喜欢。

新时代的另一个独特性是，它强迫我们每个人接受。如果只是一件新发明，我们可以毅然决然地拒绝，不接受，不妥协，不投降。但对于一个时代，我们是无法拒绝的，无论内心多么排斥。时代面前，“世界之潮流浩浩荡荡，顺之者昌逆之者亡”，孙中山先生早就总结过了。之所以要这么掷地有声地宣告，是因为顺之而活并不容易。

每当时代更迭，我们都遇到了问题。一般来说，我们解决问题的办法首先是遵照前人经验，看看别人遇到了同样情况会做何反应，会有哪些解决方案，是否有可以借鉴的地方，或者有什么教训可以吸取。但每在更迭关头，我们都会吃惊地发现前人的经验报废了，硬要去学，就硬是会碰到问题。来不及反应的很多人，被浪潮拍得头昏眼花甚至头破血流。因而，不喜欢新时代是件很正常的事。世界从来不是一块花花绿绿的蛋糕，想要讨每个人喜欢。

经验正在失去借鉴作用，是随着新时代而来的新课题，可是很多人还来不及发现。在巨大的惯性之下，未曾发现活法需要变一变的人，埋着头向前，希望依然能受到世界的善待。总体来看这么想也没错。毕竟我们已经承平日久，战争、饥荒都变成遥远的历史传说，如今我们对于活得好不好的标准不再是生或死，而是变成泡面还是鱼翅。在漫长历史中，我们的先辈为了“活下去”而总结了大量教训，积累了大量经验，其精髓总结下来就是一个字：争。在长期公共资源不够分配的环境中，“争”才能先人一步，而先人一步不仅关乎生活质量，更可能在关键时刻夺得一线生机。“争”提高了幸存概率。“擅争”是关键的幸存策略。在资源不够分配的背景下，别人拿走一份等同于减少了“我”得到一份的机会，因而我们传统意义上的“争”带有浓厚的零和游戏色彩。这也是身处争夺中的每个人都深感压力的原因。所以，从这个角度来看，哪怕能够摆脱零和游戏式的争夺，也是提升了生命质量的。幸运的是，我们已经活在了一个不那么匮乏的时代，“争”已经显得没那么必要。然而惯性巨大，很多人还依然活在过去。

社会环境已经变了，很多情况下“争”已经没那么必要了。“争”作为一种生存策略，针对的是如何在艰难环境中胜出一筹，而新时代之所以“新”，是因为提供了新的可能性。放弃新的可能性，坚持活在旧世界，也就等同于放弃了人生价值最大化的可能。这无论如何都是违背策略初衷的。

那么，我们不妨以最为根本也最为“自私”的方式来提问：在这个新时代中，什么才是价值最大化的人生？

这个新时代最好的地方，最值得让人感激涕零的部分，是我们的人生有的选。这件我们现在认为理所当然的事，在过去是极为稀缺的。历史上，大量普通人的命运是一出生就被限制住的。人们总是受限于环境。遇到不幸的时代，有的人徒唤奈何接受命运的安排，有的人揭竿而起，自己动手强行改变处境。可以选择自己的命运，在全世界大部分地区的大部分历史中，都是可望而不可即的奢侈。也正因如此，对于主动选择自己的人生这件事，我们没有很多前人的经验和教诲可以参考。

“有的选”是一种自由，而自由是具有货币属性的。所谓“货币属性”，意思是拥有并不是目的，花费出去交换自己所需才是终极意义所在——财富、时间，以及自由，都是。三者当中，我们比较熟悉如何不浪费金钱和时间，却对如何消费自己的自由感到陌生。简言之，我们不习惯选择，因而也就不擅长选择。因为不擅长，当不得不选的时候，我们倾向于做出与大家一样的选择。“大家都是那么选的，总没错吧”，于是大家在外出用餐前习惯于看点评。选择的难处在于我们难以衡量将会为此付出多少代价。吃了一顿不怎么满意的饭无疑是代价，付出的除了时间和金钱之外还有“机会成本”——可以获得更好体验的机会，被用在了不那么值当的地方，当然就显得有点浪费了。不过还好。考虑到人生那么长，吃饭的机会那么多，浪费一次两次并不会让人愤怒不已，这属于我们浪费得起的机会、支付得起的成本，更何况，愿意冒着失败的风险，才有可能得到超乎期待的惊喜。我们真正浪费不起的，大概是生命。生命只有一次，不论我们怎么选都要放弃一些别的什么，而我们又很难预测被放弃的到底是什么，这使得我们多多少少在人生的十字路口甚至“米字路口”都会犹豫一下，担心选错的话“再回首已百年身”。我们究竟该怎么选才能对得起那些被放弃了的平行人生呢？就像填写高考志愿的那一刻，面对那么多可能性，选什么学校？选哪个专业？希望自己未来从事什么职业、成为什么样的人？以及，为什么要那么选，依据是什么？代价高昂的人生选择题，总是很难。

为了降低选择难度，我们往往倾向于设定一个简单标准作为选择依据，比如“成功”。可是“成功”依然过于模糊，不好操作，那就继续简化之、具体之，比较常见的就是分解成了解释权归于“金钱、名誉和权力”的成功。这样的设定使得人生变得简单，选择时路标清晰，不再纠结，因而广受欢迎。然而这个模式还是存在问题的。不讨论意识形态或者道德层面可能存在的风险，即便只是单纯从技术上分析，这种“成功”思维也有重大隐患。首先，把获得金钱、名誉和权力当作终极目标，很大程度上会导致一系列行为的失当，有时候代价会大到一世人生都支付不起。其次是极高的不确定性。成功的设定从一开始就决定了成王败寇属性，而大部分人都注定是寇，是为“一将功成”垫底的“万骨”。很多人走到人生半途就清晰地看到了自己的天花板，因而沮丧、佛系，感觉一切如宿命般难以逃避，仿佛人生早就标好了价格。同时，这还是个无尽的游戏。一山更比一山高，有限的生命面对着一个无尽的目标，永无止境。大多数人的结局都像跳高运动员一般，或甘心或不甘心地停滞在无论怎么努力都无法跳过的横杆前，看着身边的、身后的人越过自己呼啸而去，更快、更高、更强。

最后，最大的风险是，有钱、有名、有权，并不天然就与幸福的人生画等号，这些元素最多只能被看作获得幸福人生的工具。年轻时候，都是奔着光鲜亮丽的人生去的，想金榜题名，想衣锦还乡，因为那些都是幸运的前辈们给我们做好了示范的。我们数得出各朝各代各行各业的光鲜人物，数得出他们各自的成就，心里想着“我要是也能做到像某某某那样就好了”。为什么向往那样的人生？因为总觉得那是幸福人生的保障，觉得那就是“价值最大化”的人生。然而回看历史，多少在史书上留了名的人，一辈子名利、权力什么都不缺，得了善终的竟是少数，唏嘘的人生倒是数不清。太多人在成功面前迷失了自己，忘记了最终的目的是什么。财富、名誉、权力，世界上没有比它们更容易让人执迷的东西了，一辈子以此为目标并为之奋斗，还能清醒到始终超然于它们之上的人，几希。这看似是简单的选择，却是一条艰难的路。

在一个明明可以选择的年代，却像是没的选择一样，与大家一起，投入整个人生，玩一场机会成本过高的“鱿鱼游戏”，希望在前辈的教诲下依照惯性“争”出一场人生的胜利来，总觉得好像哪里出了问题。

新时代带来了更多可能性，是毋庸置疑的。随机访问一下“50 后”及以前的老者，便能知道现今的社会是如何善待和关照大家的。但如果仅仅把变化当成是职业选择上的丰富，当成是三百六十行到三千六百行的量变，那就不免看得过于简单了。事实上，我们所经历的变化要深刻得多。我们一直在适应和追赶变化，很多事情还来不及想清楚。其中我们最该想明白的，就是如何在巨变之后的今天找到人生的终极答案：什么才是价值最大化的人生？我们该过一种什么样的人生才值得？那些已经出现了的人生可能性，那些已经存在了的人生可选项，万一因为旧时代的思维惯性而错过了，多可惜。知道而不去选择是我们的正当权利，但因为不知道而未被列入候选名单，未免遗憾。

在这本书中，我们意图站在无数先贤和巨人的肩膀上，追根溯源，梳理我们作为人的基本需求，辨别出社会发展和演化的信号，重新审视我们的乡村和小镇，让新时代提供的机会和可能性浮现出来，尝试以此穿过迷雾，窥见一点未来的形状，以及幸福生活的模样。

说到底，获得幸福才是我们最终极和最根本的使命，是我们对自己所负的最大责任。

目录

个体危机

当我们
普遍摆脱了
贫困，

却在
“照顾好情感”
这件事上
遇到了问题。

我们的简史

从头说起吧。尽管这个“头”好像远了一点。

考古学家认为最早的石器工具是在大约250万年前的非洲出现的，[1] 而它们的制造者甚至还没有进化为我们这样的人类，属于“人类的祖先”。像我们一样的人类仅仅出现在大约20万年前。这就是说，20万年前的那些祖先，如果坐着时光机穿梭到现在，也一样能学会驾驶飞机和编写程序。相比于地球漫长的历史，人类的历史简直短暂得不值一提。美国作家比尔·布莱森（Bill Bryson）曾经说过，假设我们以张开双臂的长度来代表地球的历史，那么只要用指甲刀锉一下指尖，人类的历史就被锉掉了。

以人类祖先创造第一件石器工具为标志，石器时代开始。整个石器时代太过漫长，因而被划分成了旧石器时代、中石器时代和新石器时代。这种划分给人一种错觉，仿佛各个阶段即便不是等量齐观，至少也是相差不多的。其实从时间上看，这是极为不平衡的一种分配。旧石器时代从约 250 万年前起算，新石器时代则开始于约 1 万年前。考古学家公认，世界上最早的城市出现在新石器时代晚期，也就是在这 1 万年当中，还是在偏晚近的部分。大航海时代之前的世界彼此并不相通，人类族群相互隔绝，但城市像是约好了一样，都出现在相近的发展阶段。

人类经历了漫长的进化，走到距今大约 1 万年时，地球发生了一件大事。伴随着人类进化的地球长久以来一直处于第四纪冰川时期，人类的祖先在那种我们一想起来就觉得不寒而栗的环境中挣扎求生。对他们来说，世界总是那么寒冷，找到食物总是那么不容易，生存总是一件那么艰难的事。

1 万多年前的某一天，天气忽然变得暖和起来，人们忍受了很久的冰川期终于告一段落。先民们很快纷纷发现，在这种温暖的气候中，把一些可食用作物的种子收集起来，找一块肥沃的土地种下去，假以时日便能收获数量可观的食物。[2] 这可比吃完了一片林子再去找另一片林子的流浪生活要稳定得多。不过，这种日子需要先民们对自己的人生规划做一点小小的调整。种子在地里，土地在那里，跑太远了不一定能找回来，找回来也不一定能收获粮食——万一有人动作更快呢？似乎就近蹲守、看护口粮才是最顺理成章的决定。那么，就必须放弃过去那种漫游的生活了吧。人类就是这时从山洞里搬出来，开始学习如何定居在一地的。过去为了生存而不得不移动，现在为了生存则不得不停下来了。

就像现在的温暖气候只是漫长的地球历史中两次冰川期的间隙一样，[3] 定居也并非是我们自古以来的生活方式，而是在某些特定条件获得满足以后才发展出来的。在成为智人的 20 万年历史中，我们因长期生活在一个地方而产生了习性上和情感上的依恋，并把那块土地称为“家乡”，只是短短一瞬。但那却是革命性的。

定居伊始，人类的整个基本生存逻辑都为之一变，由此引发的连锁反应直到今天还在深刻地影响着我们。在那个时代的创新者和先行者的带动下，人类纷纷开始转入农耕时代，为文明的形成做好了准备。最早的文明，就这样在两河流域和美索不达米亚平原上形成了。[4] 由于气候原因，人们即便是在天各一方、互不往来的史前时代，各地的文明也像是约好了一样相继形成了。气候的变化开启了农耕时代，看护作物的需要使得先民们决定定居，当生产力提升到超过所需，交换物资的需求便应运而生。

城市的形成是人类定居以后的必然现象。在一个地方安顿下来以后，这一重大的环境变化使得我们大概第一次理解了“拥有”的意义。采集狩猎时代，过段时间就需要迁徙一次，就算是找到了最豪华的山洞，最后也不得不放弃，因而随身能携带的物品总是有限。住下来就不同了。人们有了自己的地盘，可以存放点东西，也可以生产点东西了。在漫游时代，就算有人琢磨出了如何烧制陶器，也只是烧制一些够自己部落用的；而一旦开始定居，就有人发现正经搭个炉子以此为业是个不错的主意，因为总会有人愿意用吃不完的粮食来交换。当农产品的收获多到足以养活一些不需要下地劳动的人，手工业就具备了从农业中分化出来的条件。而当手工业者的产品也完全满足了部落需要，为了让自己富余的农作物和手工产品能创造更多价值，人们便开始交换物品。那么，可以想见，贸易也到了分化出来的时机。人类的发展史可以从多个维度去观察，产业分工是条很清晰的路径。农业的形成是史上第一次产业分工，手工业是第二次，贸易是第三次。这差不多正好对应了沿用至今的一、二、三产业的分类。很久以后，当产业分工发生了多次以后，人们才发现贸易的重要性。贸易依赖于人与人之间的相互合作，进而最终促成了自然界中最大规模的合作。

大自然的生态进化进程曾经遭遇过一次次严酷干预，主宰过这颗星球的物种曾经以体形庞大、没有天敌来维持自己位于食物链顶端的地位，最后还是被一颗落在墨西哥湾的陨石彻底终结。[5] 从浩劫中恢复过来的地球生物圈开始了另一个方向的试错，这次笑到最后的是我们人类。人类在地球纪年中仅仅用了短短的一瞬，便站到了食物链的顶端。作为一种体能上毫无优势的动物，人类不够壮实，不够高大，跑不快，游不远，跳不高，也不能飞，却战胜了无数比我们强悍凶猛得多的野兽，成为总冠军。这无论如何都是令人惊讶的伟大成就。我们能实现这个目标，凭借的是两个出色的能力：一是智慧，二是达成生物界最大规模合作的能力。考古发现证明，人类大脑的容量也是一路在进化的，[6] 因而更有可能的情形是，人类不遗余力的合作促进了智力发展，而发展起来的智力又进一步促进了人类的合作。人类作为社会性动物，[7] 从一开始就注定了只有团结在一起才能幸存，也正是这个根本特性最终成就了我们。今天的我们，有钢铁装甲，有高大楼宇，能跑得很快很快，能游得很远很远，而且根据亚洲航空公司的广告语——还“每个人都能飞”。这一切，毫无疑问全都有赖于我们的智慧和合作能力。

贸易的前提条件是沟通，沟通则需要人与人面对面，因而聚集起来便自然而然地成为唯一的有效方式。很快，大家就发现聚集的规模越大，成交的概率越高，贸易活动的效率越高。贸易的需求把人聚集在了一起，这也成为村落发展为城镇重要的原因之一。

财富聚集在一起，当然是会让人觊觎的，因而需要武装起来保卫自己；武装力量又是需要管理的，不然大家都将身处危险之中，因而社会治理成了一种实实在在的需要；面对充满危险和不确定性的世界，面对无数让人无能为力的天灾人祸，宗教信仰为我们带来安慰和希望……城市的基本要素凑齐以后，人类文明以城市为依托，踏上了快速发展的征程。与乡村相比，城市显然是人口密度更高因而信息量也更大的地方，最终大家发现，只要掌握了信息就等于掌握了财富和权力。从此以后，人类产生了向信息浓度更高的地方聚集的倾向。

尽管如此，城市的发展依然是缓慢的，因为整个社会的发展都非常缓慢。以现今的社会发展速度来衡量，初期的城市发展慢如龟速。工业革命之前，全世界总共也没有多少城市，更没几个称得上发达的城市。即便是那些在历史上曾以繁荣著称的传奇之城，每一座也只是辉煌一时，后来大多经历了令人扼腕的灾祸。漫长历史中，不管是在何种文明中，搬到城市去生活都并不见得是一种令人兴奋的选择，尤其是考虑到历史上一直有热衷于到处武装游行的人类，他们中的一些人对同类做出的事情，是野兽也做不出来的。漫长历史中，不管是在何种文明中，一个人一生中，大概率会遭遇饥荒、瘟疫、战乱、兵燹，能无病无灾地老死在自家床上是件值得庆祝的小概率事件，可遇而不可求。在物质匮乏的时代，生存才是更值得关心的普遍话题，“更好的生活”是生存无虞之后才有资格追求的，注定了只是少数权贵阶层的特权。

工业革命改变了一切。世界上第一个城市化的国家是英国。当大英帝国奋勇激进地迈入工业化时代时，大量农民涌入城市，成为产业工人，迅速形成了一个全新的社会阶层——“工人阶级”。以前哪怕曾有过大量人口涌入城市的阶段，其规模也是与这次无法相提并论的。无数烟囱在伦敦竖起来，夹杂着无数有害物质的浓烟从烟囱里冒出来，把伦敦变成一座烟尘蔽日的城市。大片破烂棚户区中新生的工人阶级与老鼠生活在一起，污水横流，臭气熏天，但即便如此，与以前在乡下的日子相比，这也已经算是“好生活”了。接下来的历史，是各大文明拼发展的历史，中国在这场比拼中足足损失了100年以上的时间。1851年，英国成为第一个城市人口超过50%的国家，[8]中国则是在2011年才达到这个比率。[9]但是，不管怎样，在付出了超乎想象的代价，经历了千难万险之后，我们赶上来，达到了。

现在，我们能参照人类寿命的平均数而对自己的寿命有个坦然而合理的期待，这是以前的人不曾体会过的，就像我们也无法体会一个意识到生命会随时终结的人，会以什么姿态来面对人生。古人想象中神仙才能拥有的能力：千里传音、日行千里、上天入地……现在几乎每个普通人都具备。我们不用担心战争。我们不相信自己会死于饥荒和瘟疫。不是说战争、饥荒和瘟疫不再发生，而是人类的总体能力不断进步，使得遇到横祸的概率下降到了无须时时保持警惕的程度。同时，我们所拥有的物质条件相对古人而言是丰富得不可想象的。

是的，很幸运，生在这个大时代。历史走到这里，实现“好日子”所需的所有环境因素，全部为我们聚齐了。我们可以坦然、从容地憧憬一下好生活了。

细细的红线

长期的匮乏是会留下深刻影响的，尤其这影响是历经了数千年积累下来的。

英国经济学家安格斯·麦迪森（Angus Maddison）在《世界经济千年史》一书中有如下描述：“19 世纪前，中国比欧洲或者亚洲任何一个国家都要强大……14 世纪以后，虽然欧洲的人均收入慢慢超过中国，但中国的人口增长更快。1820 年，中国的 GDP 比西欧和它们附属国的总和还要高出将近 30%。”在这本书的图表中，1820 年清朝 GDP 占了全世界的 32.9%。

麦迪森先生显然想要说明在清朝时期中国的经济实力十分强大。但实际上，这些数字更多是根据人口规模做出的推测。农耕时代的生产力水准长时间保持相当稳定的低水平，中国因为人口基数庞大而显得 GDP 很高，但这并不代表社会财富的真正水平，尤其不代表一般百姓的财富水平。

1792年，伯爵乔治·马戛尔尼（George Macartney）受英王乔治三世委派，以为乾隆皇帝祝寿的名义出访中国。这是西方国家第一个正式出访中国的外交使团。以东西方两大巨头的这次相遇为背景，马戛尔尼和他的随从团员撰写的大量回忆录，成为欧洲研究清朝的珍贵资料。在这些资料里面，有沿途的各种见闻和对中国社会各阶层的描述，其中中国百姓的贫困无论从什么角度评说都是令人印象深刻的。[1]

中国在历史上确曾强大，但那是以国家为视角的叙事，很大程度上与百姓无关。康乾盛世中的普通百姓如果都贫穷得触目惊心，那么盛世之外的那些漫长岁月中蝼蚁一般的生灵呢？中国的历史，就是一部人民挣扎求生的历史。长达数千年的历史中，人民真正感受到普遍摆脱贫困，不过才一代人的时间。[2]

不过，这一代人的时间，经历的是天翻地覆的变化。这急剧的变化造成了很多不适应。变化需要一定的时间来适应，一旦变化过于剧烈，适应能力就会跟不上，就会遇到问题。

历史上曾经因为时代发展、技术进步而遭遇适应问题，最著名的例子大概要算“卢德运动”。1779 年，传说一位名叫内德·卢德（Ned Ludd）的英国纺织工人愤怒地砸毁了两台纺织机。这件事的最早记录见于 1811 年 12 月 20 日的《诺丁汉评论》，但真实性不可考。如果传言全都可信的话，内德·卢德应该与罗宾汉（Robin Hood）一样，都是活跃在诺丁汉北部雪伍德森林（Sherwood Forest）的传奇人物。之所以事发三十年后他的名字才被提起，是因为内德·卢德已经成为一个象征，有人用他的名字成立了一个秘密组织，专事捣毁正在迅速普及的自动纺织机。有了纺织机，便不再需要手艺娴熟的工人，这威胁到了很多人的生计。捣毁纺织机的运动首先在诺丁汉爆发，随后两年在整个英格兰遍地开花，发展到不仅砸机器还杀人，最后动用了英国军队才镇压下去。“卢德运动”后来成为对抗技术进步的代名词。近年有些地方出现了把共享单车和共享电动车拉到郊外去的愤怒的出租车司机，是比较符合此一描述的一群人。

总的来说，卢德派的不适应不是大问题。如果技术进步并不能创造价值，捣毁也就捣毁了；如果技术能带来显著的社会价值，那谁也阻挡不住。

我们现在面临的普遍的不适应问题，表面上不如对抗技术进步来得激进，但是影响面却要远远大过从来也没有成为主流的卢德派。这一次，时代变迁席卷了规模巨大的人群，其影响太过普遍，以至于显得过于平常而难以发现出了问题。

眼下，当我们普遍摆脱了贫困，过上了以前不可想象的生活以后，很多人对人生最基础可能也是最重要的一些问题开始感到疑惑了。这些问题中，最核心的是一个问题——到底什么才是我的好生活？

以前，“什么是好生活”，是个不会有疑问、不需要思考、答案非常明确的问题：有钱的生活。有钱就解决了生活中九成的问题了。有钱了不仅能吃饱还能吃好，不到过年也能买新衣服，想买什么就能买什么，这样的生活怎么可能不美好？身处物质匮乏年代的人都是这么想的。

我们的身体有两套警讯系统。当健康遇到问题，身体以疼痛等方式发出信号；当生存状态遇到问题，发出信号的是我们的注意力。饥饿的人，一天到晚都会想着食物，其他一切都没心思了；处于长期经济窘迫状态中的人，也是一样。这种难以自控的注意力会干扰生活和工作。这是警讯系统的本意，提醒你该解决问题了。在过去的长期贫困中，大部分人的内心都深受困扰，但又没办法解决问题。在财富稀缺的时代，挣钱对穷人来说是一件困难的事。自然，“有钱就有好生活”便成了坚定信念。从20世纪80年代开始，这一信念便得到了一次次实实在在的印证。

现在很多人怀念80年代，有一个非常特别的原因是，80年代是集体记忆最密集的十年。经历过那个年代的人，在打开电视就有上百个频道的今天，几乎不知道电视里都在播放些什么节目，却仍记得电视只有几个频道时的《敌营十八年》、《大西洋底来的人》和《血疑》，以及《霍元甲》、《加里森敢死队》和《铁臂阿童木》，还有和全国人民一起观看过的女排决赛。全国人民因为一场体育比赛而一起屏住呼吸，女排之外好像再也没有过了。

不止电视，所有第一次进家门的神奇新产品都给大家带来强烈的幸福感。洗衣机终结了一项祖祖辈辈以来一直主要由女性承担的家庭重体力劳动；录音机掀起了第一场轰轰烈烈的流行音乐潮流；冰箱进门之后，晚餐以后要把剩菜重新回锅加热一次的规定动作，就此终结……现在我们习以为常的普通家用电器，大量都是 80 年代开始进入家庭，带来一次次如今难以想象的惊喜。这一切，无疑会具体而有力地印证“有钱就有好生活”这一理念；另一个重大影响是，我们就此一致认同“科技是个好东西”。这个“全民共识”在后来的经济和社会发展中也扮演了重要角色。

一个朴素的信念，经过了自己的亲身体验，经过了庞大人群的集体验证，经过了一整个时代的确认，不可能会出错吧？

“有钱就有好生活”，不可能会是错的吧？

没错，但是并不全面，因而可以商榷。物质条件的提升带来幸福感是确凿无疑的，不过并非全场景适用，而是带有一个隐秘的附加条件：一条细细的红线。匮乏和盈余之间有条细细的红线，我们往往无从感知是在什么时候、何种情形下越过这条红线的，意识到的时候，往往已经越过好久了。从经济窘迫到宽松是显而易见的变化，但红线置于哪里，是可以自定义的——有人觉得每顿都能吃上蛋炒饭就算宽松，有人觉得买不起湾流喷射机就是穷。还有些人，根本就没想过还有一条“红线”存在。而且，即便能够意识到的人，可能也并不理解它到底意味着什么。而本质上，正是这条红线，决定了“有钱就有好生活”这个论断是否适用。

红线之下，是“有和无”的问题，物质水平直接影响生活质量；红线之上，则是“好和坏”的问题，物质也能提升生活质量，但影响是有限的。拥有第一台电视机的那种兴奋，第一次在家里打开电视看到屏幕上出现图像的那种欣喜，以后不管升级到什么新型号新产品也都不会再有了。正所谓“边际效益下降”[3]。

中国总体上是以极快的速度越过红线的，快到大家来不及思考。我们在不假思索的情形下，会按照自己的习惯行事。习惯是经过不断重复而形成的行为模式，有用，且节省了大脑的算力。然而习惯有个缺点：遵从习惯不需要思考，改变时才需要。[4] 当习惯的适用环境突然改变时，比如换了个工作单位，我们当然会马上意识到并开始探索新的上下班路线；可如果适用环境是渐变的，我们就需要主动去认知并进行思考，才能判断过去的习惯是否还管用。后者并不容易。“温水煮青蛙”虽然在科学上并不成立，但作为一则寓言还是很能说明问题的。

我们在红线之上遇到的问题，是“无意识”。许多早已越过了红线的人，还在依照红线之下的惯性行事。享受购物带来的快乐是其中轻微但非常普遍的一种。这种普遍的快乐被商家利用，每个节日都恨不得被改造成购物节，最后干脆生造出专为购物而设置的“节日”，号召大家一起来以“买买买”的方式欢度。“双十一”号召大家从口袋里掏出钱来参与节日，集大众的力量来刷新纪录，创造出一种几近集体炫富的狂欢气氛。结果，几乎每年都有人网购了一大堆东西以后连包裹都懒得拆。起先这还算是新闻，后来连这都边际效益递减，引不起大家兴趣了。很多人要到打开衣柜门、里面的东西掉下来时，才发现自己买了那么多并不需要的东西。

有时候这是会造成严重后果的。我们时不时能在新闻中读到又有巨贪被查抄出数以亿计的惊人赃款，这让人忍不住产生疑问：为什么会有取得了不错的社会地位、物质生活上肯定毫无压力，且从各方面观察智商都正常甚至高于平均水平的人，完全违背“人生经济学”基本规则，冒着前途尽毁的风险，去敛不能挥霍、一用就要出事的等同于数字的“财富”？[5]一个简单易懂的解释是，这些人的生活虽然早就越过红线，但思维还在红线以下。他们的心还穷着，还有个空洞没堵上。越是这样的人，越是信仰“有钱就有好生活”，这一信仰甚至进一步演化为“更有钱意味着更好的生活”。

红线可以解释很多行为。比如炫富。在共同信仰“更多钱意味着更好生活”的人中间，展示财富是获得肯定和艳羡的快捷方式。这与一个人的生活品质关系不大，更多的是与社会地位有关。信仰“有钱就有好生活”的人，坚信用钱能够买到一切，坚信世间万物都可以折合成一个数字，包括社会地位。

然而，越过红线以后，钱的能力其实是在衰减的，离“万能”越来越远。而惯性却让误以为能买到一切的人觉得自己不够幸福一定是还没挣够钱，也没花对钱。我们往往考虑了太多物质的力量，而太忽略“用钱买不到”的部分。对于很多人来讲，现在正处于收入最高的人生阶段，但这也是人生最快乐幸福的阶段吗？可能并不见得。也正是到了这个阶段，越来越多的人发现，最难的问题都是用钱无法解决的；也有很多人发现，是对名利的追逐令自己陷入了麻烦之中。本来该是解决问题的工具，不仅没能解决问题，本身还变成了问题。过去曾经流行过一句带有戏谑调侃意味的话，叫作“钱不是万能的，但没有钱是万万不能的”，今天可能应该倒过来，变成“没钱固然万万不能，但钱也真的不是万能的”。

是时候停下来想一想了。我们有两个非常本质的问题需要想清楚：好生活到底是什么？幸福到底是什么？

无邻的一代

身为人类，我们有一些最基本的共性，也就是我们称之为“人性”的部分。人性是我们最基本的“算法”。无论一个人出生在哪里，是什么肤色，说什么语言，都是饿了要吃，困了要睡，有最基本的欲望需要满足。在最底层的需求的推动下，人类逐渐创造出了灿烂的文明。我们的驱动力就隐藏在最基本的人性当中。

我们生而为人，生为同一个物种，基本面是一致的——我们一辈子都在忙着活下去，活得越长越好，而且尽一切可能要健健康康、功能齐全地活着。这件事在某些年代比较艰难，在另一些年代会相对简单。我们用来定义一个时代好坏的标准，就是这件事的难易。然后，在确保生存无虞的情况下，我们必然会去关照生命中的其他需求。我们都希望自己高质量地活着，获得尊重，赢得爱情，实现梦想，概莫能外。虽然明白一生中不太可能事事顺遂，我们也总是期望能够尽量圆满。美国心理学家亚伯拉罕·哈罗德·马斯洛（Abraham Harold Maslow）的需求层次理论虽有争议，却概括了最底层的生命驱动力，是对人类需求的一次精彩归类。

圆满，就是全方位无死角的幸福。那幸福又是什么？“幸福”这个词，我们太熟悉了，熟悉到不言而喻的程度。但如果真要定义一下，又好像没那么简单了。然而，还是需要定义的，以便作为判断标准。有时候为了把话说得滴水不漏、适用于一切场景，某些定义会表述得极为复杂。越是复杂，就越是失去了作为评判标准的功能；当复杂到一定程度，大家便都无所适从了。因而，定义最好能够简洁明了，利于使用。为了符合这个要求，我们将幸福的定义表述为——幸福就是拥有持续的、稳定的满足感。

饥肠辘辘时饱餐一顿，疲惫不堪时怒睡一场，都能让我们感觉无比满足。这种满足很多时候也被我们称为“幸福”。不过那只是短暂的情绪上的满足，还不足以形成状态。吃饱了，几个小时以后又会饿；睡够了，十几个小时后还会困。我们只有在持续相当长一段时间的稳定的满足状态以后，才会说：嗯，过去的几年我过得很幸福。这并不是说过去的几年很完美，一点挫折苦恼烦心事都没有。人在一生中时常会遇到各种问题，但只要自己的满足感总体上不受影响，就依然可以称为“幸福”。幸福是一种整体状态，具备足够的宽容度，有能力吸收生活中的一般瑕疵和缺陷。

这个定义也许解释了一件事：为什么以“越多越好”的心态去追求幸福，总会感觉追不到？因为以永不满足的态度试图去达到满足，本身就是个悖论。然而要清晰理解这件事并不容易。“越多越好”——或者更具体一点，“钱越多就越幸福”——并不是追求幸福的正确方式这一理念，违背了很多人的直觉。在漫长的物质匮乏时代中，“越多越好”确实就是不容置疑的真理，经过世代传承，它早就渗透到了我们的“默认值”当中，怎么会去怀疑？况且，即使有人稍作反省，想要环顾四周、思考一下“越多越好”的正当性，也很容易被笼罩在周围的舆论环境再次麻痹，因为“越多越好”是被刻意强调和维护的观念，背后涉及巨大的利益关系。倒不是说有个黑恶势力躲在小黑屋里精心策划和执行了这场巨大阴谋，而是资本主义在一路发展中慢慢演化出来了这种结果。

亚当·斯密（Adam Smith）在《国富论》中提出，“任何人都会按自己的利益去进行投资，自然的因素会使个人的投资符合社会的利益”，也就是“为了利己而利他”。换言之，亚当·斯密认为资本为了获利，就要设法洞察和满足他人的需求，进而为社会创造价值。例如，商人为了挣到钱，会自觉产生服务好客人的意识，进而让自己的产品更加物美价廉，其结果是，客人得到了更好的产品和服务，商业形态变得更加丰富。简言之，就是逐利本能创造了更美好的世界。到此为止，一切看起来都很不错。不过这个论述也是有适用性的，这也与红线有关。当社会整体处于匮乏状态，提升物质生活的需求普遍存在，只要能够物美价廉地满足需求，便能实现亚当·斯密所认为的以符合社会需求的方式获利。亨利·福特（Henry Ford）在 1914 年主动把工人的日薪由 2.34 美元提升到 5 美元，把日工作时长由 9 小时缩短到 8 小时，一时石破天惊。回头看，这正是美国大规模消费的起点。此后，美国从政府到民间纷纷跟进，美国工人的待遇和社会地位都获得大幅提升，消费能力的增强又反过来刺激了生产，形成了一片繁荣的共赢局面。这是资本驱动下，消费者、生产者和社会共同获益的一个经典案例，一直被人传颂至今。

然而，越过红线以后，事情悄悄发生了变化。每个人真正的物质需求事实上并不多，保障一个体面舒适的物质生活并不难。当人们纷纷越过“真实需求”的红线以后，资本家发现大家的物质欲望有降低的趋势。为了继续保持增长规模，便试图创造出一种红线之上的消费模式进而继续获利。在社会经济整体发展越过红线以后，资本开始说服大众消费他们并不需要的东西。在不断细分的产业分工中，有一个门类在红线之下早已开始萌芽，一旦到了红线之上，便像打了类固醇一样迅速膨胀起来。那就是专事消费者洗脑的相关产业，工作的核心目标只有一件事：告诉大家“更好的物质生活等同于更好的生活，你永远不要满足”。当社会不够发达时，大众的需求是现成的，资本只要安心服务好大众便能实现目标；而当基本需求大体得到满足以后，资本开始异化成了“需求创造者”，底层逻辑变成了“替大众定义需求而获利”。我们由此进入一个不断被人提醒“还不够好”的新时代。这个世界上正在进行一场规模极其宏大、动员了最大力量、持续了最长时间的思想工作，唯一主题就是让你觉得“还不够好”。为了达到目的，资本雇用了世界上最聪明的脑袋，进行了最细致入微的研究和探索，发明了各种新手段和新工具，获得了丰硕的成果（包括总结出我们对“新”和“免费”最感兴趣）。

经过持续不断的努力，我们已经非常习惯于生活在由资本家创造的世界中，非常自然地接受他们对我们的引导，非常自然地思考自己该如何才够时尚、才被人看得起，进而非常自然地按照他们的设计去消费自己的金钱和时间。这些刻意设计的、针对我们的信息，组成了一个规模巨大的“楚门的世界”，很大程度上塑造了大众对世界的基本态度，影响了无数人的世界观、人生观和价值观。这个产业如此之成功，以至于创造了当今世界上一批最知名、最赚钱的企业，比如谷歌、脸书、抖音等。这些企业在很大程度上让人忽略了他们本质上都是广告公司。我们已经确凿无疑地生活在一个消费主义时代了。

他们之所以能做到，说到底还是因为有隙可乘：他们所创造的，正好契合了物质匮乏时代带给我们的巨大惯性。获得更多的钱、更多的权力、更大的成功，都是非常吸引人的人生目标，正当得简直不容置疑。这里只有一个问题：这些都是无上限的目标。无上限的目标便需要投入无限的资源去争取。很多用力过猛的人生，就是这么造成的。

而幸福是持续的、稳定的满足感，获得幸福不需要用力过猛。如果把相关的要素整理一下，我们会发现幸福感大体来源于三个要素的满足状态。首先是身体。身体是否健康，基本欲望是否能得到满足，直接影响到我们的幸福感。其次是情感。这部分的构成比较复杂，但满足得好不好，决定了我们是否幸福。然后是未来。一个对现状无比满意的人，若觉得明天没希望，对未来很担忧，也不可能十分幸福。“人无远虑必有近忧”，常常被用来说明“未来会影响当下”。

虽然分解开来看似乎并不复杂，但知易行难。难在这三部分是相互纠缠、相互牵扯的，平衡好，不容易。比如说，减肥是为了明天的福祉而让渡今天的过瘾，既是为了吸引异性又是为了更健康更长寿。我们如何决定是否要减肥？看重要性排序。而这重要性排序一直在变。想要追求异性时，减肥就变得刻不容缓；有中风危险了，或者特别忧虑明天的健康时，也一样。如果没有这些因素，仅仅因为有人说了句“哟，最近富态了”，恐怕构不成立刻去减肥的动力。马斯洛的层级理论，值得商榷之处就在这里。我们并非是按照规定排序去追求满足的，我们是在一个整体系统中缺什么补什么，而什么是当下最重要的，又一直在变。

我们可以把身体、情感、未来的希望想象成三节要素电池。这三要素当中，“照顾好身体”与物质生活的水准关系最为密切。我们对于“生活得好不好”最直观的认知就是物质上的，这是过往时代的匮乏感所致，它在很大程度上成了我们的“默认设定”。很多中国人第一次去美国都会对他们的铺张浪费留下深刻印象，这可以被视作“节俭文化”和“消费文化”之间的冲突。[1] 我们看到的是物质的极大浪费，美国人却觉得这一切没有什么不正常的，只有这样消费才能拉动经济持续增长。根据“缺什么就补什么”的直觉，中国人富足起来以后，首先爆发的就是补偿性消费。在中国近 40 年的经济高速发展中，有相当一部分贡献就来自于全国人民改善生活的强烈愿望。我们从家徒四壁的破旧房子搬进了新家，再用家具和电器把新房子填满。有些人觉得这样很过瘾，就反复买房子填房子，再在每个车库里停上一辆汽车。巨大的消费规模激发了巨大的产业规模，很多中国家庭在这个过程中完成了从什么都没有到什么都有的转变，很多中国企业也从“小蚂蚁”起步，发育成了“大象”。物质水平的提升，给我们带来了巨大的满足感。没有人是不需要物质的，只要不太过分。有很多问题都出在对物质部分的过度关注、对其他部分的过度忽略上，因而失去了平衡。如果仅就照顾好身体这一项来看，三要素当中我们对此最在行。很多人的这节电池甚至都充爆了。

“照顾好未来”的难度要稍高一些。未来总是充满不确定性，所以时不时就会出现“迷茫的一代”。当下的年轻人眺望明天，得出的结论是自己的收入买不起房子，也难以负担孩子的教育费用，难免会有点垂头丧气，必然影响到幸福感。这是社会要负起责任的部分。这也是为什么对地产的调控、对教育商业化的清理，以及“共同富裕”的提出，即使对当下的社会形态会造成冲击也要施行。是不是最适合的方式，力度是太大还是太小，都是技术问题，可以在演进中调试，但总目标背后的动机是明确的——优化社会愿景，提振年轻人的士气。不过说到底，个人对自己人生的规划及为之而付出努力，终归还是自己要负最终责任的，是我们可以自助也必须自助的。

比较麻烦的，是“照顾好情感”这件事更像是中国发展到了特定的社会阶段而遇到的问题，体现了中国的特有国情。在这一轮房地产发展之前，中国人不论生活在城市还是乡村，都是与邻居们生活在一起，是生活在熟人社会里的。在住房紧张的时代，在没有空调的年代，邻里们都会在夏日傍晚端上板凳竹塌到室外乘凉，孩子们嬉戏追逐打闹，大人们喝酒打牌聊天，井水里冰好的西瓜大家分着吃。邻里当然也有矛盾，但不认识邻居的人是几乎不存在的。这种生活形态随着城市的房地产开发，发生了颠覆性的改变。仿佛就在一夜之间，大家都兴高采烈地买了商品房而搬家四散，过上了连对门邻居都不认识的日子。

匮乏的时代什么都稀缺，包括住房。当年多少城市家庭的梦想就是能住得宽敞一点，家里能有独用的厨房和卫生间，大人小孩不用挤在一间屋子里。那个时代，大家对提高居住品质的愿望普遍强烈，注意力大都集中在恶劣的住房条件上，因而大家忽略了并不稀缺甚至略显过剩的邻里关系。更重视自己没有的东西，而不在乎已经拥有的东西，也是人性。

结果，经过 30 年时间，情势彻底颠倒过来了：人们的住房条件整体得到大幅改善，但邻居不见了。物质属性的房子过剩了，情感属性的邻里变得稀缺了。这件事意味着什么呢？我们成了有史以来第一代不认识邻居的人。[2]

因此，我们在“照顾好情感”这件事上遇到了问题。

纯真的善意

为什么邻里关系出了问题，会严重到连累幸福三要素之一的“照顾好情感”？邻里关系有这么重要吗？

先说答案：有的。

这与我们的情感模型有关。甚至，说得再严重点，与我们作为社会性动物的根本属性有关。社会性动物意味着，我们必须以群居的方式生存。我们就是这么进化来的。与同类在一起的需求，就如同底层代码一样写在我们的基因里。由此，若离群索居的状态持续一段时间，我们首先必然会感受到痛苦，然后大概率精神状况会出问题。痛苦是警讯，提醒我们哪里出了问题。在史前时代，脱离族群意味着生命安全受到了迫在眉睫的威胁，是需要立刻着手解决的问题。那些对痛苦不敏感的个体，或者感受到警讯却不能及时解决问题、回到群体中的个体，在人类进化的长河中被无情地排除出了人类基因库。我们都是幸存者血脉的传承人，基因里都继承了融入人类大家庭的本能。

我们可以仔细检视一下自己的精神模式。我们的精神状态并不是恒定的，不能稳定地保持在某个舒服的状态下，而是会像钟摆一样，从一极摆动到另一极，平日里摆幅不大，但有时候也会摆动得非常剧烈。情难自控是真的。虽然我们大致知道自己的舒适区间在何处，但却不能命令自己的情感一直停留在那里，只能创造条件向那里靠拢。比如说，几乎每个人都有过这样的体会——最近应酬很多，不得不说的话很多，持续了一段时间以后难免就会烦躁，休息下来时最好没人打搅，一个人躲起来听听音乐读读书就好；可是这样的状态持续了一段时间，我们又会坐立不安起来，想要跟人说说话，于是特意去路口的小卖部买点其实并不必需的东西，只为跟老板扯几句闲篇。这就是我们。

从小，在大人们的教育下，在每日常规生活的驯化下，我们知道了正常饮食和规律生活的重要性，多少都会背一些“早饭吃得饱，午饭吃得好，晚饭吃得少”之类的口诀。此外，我们还会安排健身项目，让肌体经受训练，以保持强壮的体态。那些远远超过生存及格线所需的项目，是我们在对身体进行定期的维护保养。对于身体的需要，大部分人都有清晰的认知，会有意识地做出相应的安排。

那么我们的精神呢？我们是如何对待精神需求的呢？大概率遵从的是自然法则，远不及对待身体的关照那般具体而仔细。精神需求和情感需求之于我们，毋庸置疑是明确的刚需，但却是个“隐性刚需”，被我们掩藏起来了。明明都是人类，明明都逃不脱人类的“底层算法”，却有很多人以冷峻的独狼形象为荣，以享受孤独为人设，甚至将萨特（Jean-Paul Sartre）那句被曲解了的“他人即地狱”奉为圭臬……我们都知道食物是身体的燃料，需要不断摄入才能继续生存。那么精神呢？精神的健康存续又是靠什么维持的呢？答案是来自别人的善意，具体表现为认同、肯定和接纳之类的行为。从别人的认同、肯定和接纳中感受到的善意，是我们最重要的精神食粮。人们总是把书籍比喻为“精神食粮”，这不无道理，但那些慰藉了我们心灵、抚慰了我们情感的，哪怕是世界上最受欢迎的作品，也比不过心上人写给你的一封情书。

然而，他人既可以为我们提供最重要的精神能源，有时候确也是地狱。想想网络暴力，一堆未必了解事实真相，以发泄自己情绪为目的的陌生人，可以真真切切地使人内心受到创伤，有时候严重到可以置人于死地。来自别人的否定、拒绝、排斥，其背后的恶意，将给我们带来难以抵抗的伤害。即便是硬汉，也不可能对来自别人的否定、拒绝、排斥无动于衷。他可以将情绪控制得非常好，喜怒不形于色，但内心不可能不受影响。这也是在我们的底层算法上写定了的。

因为不喜欢虚与委蛇，不想遭遇受到伤害的风险，很多人选择了少与人打交道，把自己收紧在窄小的人际圈子里，结果把自己置于精神营养不良的境地。当我们面对“是否甘于冒着被伤害的风险，来换取被人滋养的可能”这一选择时，每个人的尺度是不同的。我们认为尺度宽松的人性格外向，反之就是内向的人。“社交恐惧症”人人都有，只是程度不同而已。

照顾好情感，难就难在这里。情感需求、精神需求是我们的共同需求，但是获取满足的过程有风险，有受到伤害的可能——只要你发起邀请，就给对方提供了拒绝你的机会，也就给自己创造了受伤害的机会。而且，维护关系是个旷日持久的行为，会占用很多资源。有些人因为不愿意接受风险，就尽量避免与人打交道。此外，每个人还多少带有一点“人际关系洁癖”，这就进一步增加了交往难度。

我们对“来自别人的善意”有很高的纯度要求。如果“善意”只是伪装的，背后暗含着其他目的和企图，这不仅不会起到输送营养的作用，还会产生令人感到被欺骗的副作用。很多人会在恋爱关系中用各种手段检验对方的诚意，这便是受到辨别“纯度”的潜意识的驱使。很多人的人际往来大量出现在工作中：单位内部的往来，与管理部门、供应商、合作伙伴、供应链的往来，与同行友人及消费者的往来……在这些人际交往中，大家除了正常的工作沟通，还会一起度假、团建、娱乐、吃饭等，表面看起来和与朋友间的一般往来无甚差异，但身处其中的人则往往不会觉得这类往来像与朋友间的交往一样单纯。不单纯的，是人与人的关系。职场上的人，除了自然人身份之外，还有职位、头衔、岗位属性等标签，人与人之间充满各种错综复杂的利害关系。一牵扯到利害关系，就可以对人际互动背后的动机存有合理怀疑，而只要存有这种怀疑，就可以将“善意”解释为表演，对其背后的动机进行无限揣测。这就解释了为什么职场社交大多对人并无实质性的滋养，还要人持续、被动地付出鉴别和提防成本。

这个特性也是传统人情社会瓦解的因素之一。在中国还没有搬家公司的年代，搬家靠的都是亲朋好友、左邻右舍和单位同事，能否顺利搬家与平时人缘好不好有很大关系。因此有人便把处关系视为一种处心积虑的“投资—回报”行为，这样一来，自然会有不少人厌恶这种带有功利心的交往，一旦发现商业服务更为简单高效，便毫不犹豫地去拥抱商业社会了。社会分工精细到眼下的程度，意味着过去许多必须依靠人情才能解决的问题，而今都可以通过金钱交易来完成。一切都是自然而然发生的。但也不妨从另一个视角来解读一下。在传统的社会交往中，“多个朋友多条路”自然是大家相互交往的动力之一，这也在客观上维护了人情社会的良性环境；如今商业服务用买卖方式完全替代了人情帮忙，很多人失去了维护人际关系的动力，久而久之，这种状态也影响到了整个社会环境。

除了“善意的纯洁性”，我们还很在意“善意的稀缺性”。来自亲人的夸赞，我们往往不当回事。亲密关系中的善意因其“理所当然”而丧失了稀缺性，所以营养成分不高。但如果被一个陌生路人夸了一句，我们往往能高兴一整天。由此可见，来自与我们毫不相干的人的赞美，往往才是最令人受用的。

总之，我们每个人，在内心深处都是很挑剔的。这也恰恰显出了遇到“纯真善意”的可贵，以及获得情感满足的不易。这件可贵的、不易的事，又正是我们赖以保持精神健康、情感正常的口粮。况且，我们还不能只获得最低进食量，要既能吃饱，又能吃好，还要维持较高的进食频率，一辈子。高频非常重要。就像我们不能一个星期暴食一餐，我们的情感维护也需要处于一个高频的稳定状态中。这给我们的人生出了一个很大的难题，如果处理不当就会时不时地身陷孤独。孤独或许并不致命，但是，“适应孤独，就像适应一种残疾”，孤独地生活必然不是度过人生的最佳方案。

那么什么才是人生的最佳方案呢？1938 年，笼罩在二战阴影下的哈佛大学开展了一项研究，意图回答这个问题。这个叫作“成人发展研究”的项目由时任哈佛大学卫生系主任的阿列·博克博士（Dr. Arlie Bock）发起。阿列·博克博士发起这个项目的动机很明确，他在关于这个项目的新闻稿中说，所有人都认为患者需要保健，但显然很少有人考虑到，系统地研究如何保持健康和生活得好也很有必要。也就是说，早在 20 世纪 30 年代，医学界都在致力于攻克疾病治疗的时候，哈佛大学就在这位有先见之明的教授带领下开始研究人类的生活方式，希望能就此解答一个与每个人息息相关的问题：如何才能让我们过得健康幸福？

这个项目的研究对象分为两组：一组是当年哈佛大学的二年级学生，共 268 人；另一组来自波士顿贫民区，共 456 人。囿于当时的社会环境，参与实验的对象全体都是白人男性。最令人惊讶的是，该项目从 1938 年开始持续到现在，是同类项目中持续时间最久的一个。研究对象中，很多人参加了二战（有 6 人阵亡），经历了战后的繁荣、嬉皮年代、民权运动和冷战，也是 80 多年来美国和世界天翻地覆变化的见证者。持续时间如此之久的研究能揭示出很多此前人们不知道或者没注意的事情，很多过往的猜想被推翻，也有很多早有怀疑的状况得到确认。研究团队的领队经历了四代更迭，他们通过长年的观察、访谈、体检等方式积累了大量数据，尝试据此总结规律——童年生活对成年甚至老年有影响吗？影响大吗？晚年的生活质量，能通过中年的状态预测吗？经历过战争，对人生会有怎样的影响？更聪明、更富有的人，会更幸福吗？等等。这项研究长期以来很少被人关注，直到研究团队的第四任领导者罗伯特·沃尔丁格博士（Dr. Robert Waldinger）2015 年 11 月在 TED Talks 上介绍了他们的研究成果。他的 12 分钟演讲被翻译成 39 种语言，仅在 TED Talks 官网上就播放了一千多万次。

这项长达 80 多年的研究取得了丰硕的成果。其中最重要的，或许就是——那么多人把自己的人生目标设定为有钱、有权、出名，是因为他们认为拥有这些就是获得了幸福，或者至少是获得了幸福的保障。而实验证明，超过一定程度以后，智商不会带来成功和幸福；超过一定程度的金钱也与幸福感、成就感无关。

那么，幸福和健康与什么相关呢？结论很简单：良好的人际关系让人更幸福也更健康。

罗伯特·沃尔丁格博士希望大家记住这三句话：

社会交往对我们是有益的，孤独寂寞有害健康。

重要的不是你有多少朋友，也不是你身边有没有伴侣，真正有影响的是这些关系的质量。

良好人际关系不但能保护我们的身体，还能保护我们的大脑。

孤独是警讯

需要特别澄清的是，孤独和独处不是一回事。每个人都向往拥有一段独处的时光，但这并不意味着人们喜欢孤独。

独处是美妙的状态。独处时我们自己管理自己，最大限度地独立自主，我们思考，我们工作，我们不受打搅地娱乐，不用顾忌别人，只须照顾好自己。

与独处不同的是，孤独是一种感受。孤独感是会带来实实在在的痛苦的，在大脑中的反应与生理疼痛一样，[1]是一种生物信号，在我们的警报系统中扮演重要角色——甚至重要到生死攸关。人群中确有极少数天生无痛感或对疼痛不敏感的人，这类人因为警报系统缺失或迟钝，非常容易在日常生活中受了伤而不能察觉，对于身体的病变也没有警觉，严重者危及生命安全。孤独对我们发出警讯，是人类大脑在进化中发展出来的能力。孤独意味着脱离人群，意味着生存受到威胁。我们的祖先必须依靠群体的力量才能生存，离开群体的落单状态等同于无限接近死亡。孤独的警报声如此响亮，因为在我们的大脑中情势就是如此危急，如果不解决，警报就不会停歇。孤独感意味着我们三节电池中的一节，电量掉到了警戒线之下。

很多文艺作品都在表达情感，而情感是可以传递的。成功的作品往往是能够打动人心的。这使得我们产生了一个错觉，觉得也许可以通过文艺作品获得情感上的慰藉，填补情感上的需求。在某种程度上，文艺作品确实能起到这个作用。从 80 年代走过来的人，偶尔聚在一起，谈到"83 版"《射雕英雄传》，大概率会有一场愉快的对话。在这里，《射雕英雄传》充当了"社交货币"[2]，成为能将人黏合起来的介质。这种特性也体现在体育项目中。欧洲杯赛季中的足球迷，成群结队地在各赛区穿梭，置身于特殊氛围和环境中，个体完全被群体情绪淹没。沉浸在巨大幸福感中，他们可以完全忘乎所以。

文艺和体育作为纾解情绪的渠道，真正起作用，还是基于融入人群。在电影院里固然可能会遇到亮着屏幕刷手机的，或在女朋友面前扮先知的劣质邻座，但那种在黑暗中跟全场观众一起放声大笑、一起屏住呼吸、一起默默抽泣的感觉，是无可替代的。我们因此确信自己与他人的情感是共通的，自己是人类共同体的一分子。

当然，随着技术的进步，我们越来越有条件实现独自娱乐，进而调节自己的情绪。2006 年由日本视频网站 Niconico 开发的弹幕功能一经发布，就受到了用户的广泛追捧，并迅速传入中国。这说明即使是在独自娱乐中，人们也需要体会到与大家在一起的感觉。然而，独自娱乐更像是一种逃避而非解决方案。当合上书本，当电影的演职员表升起，现实又会回来，把人从沉浸中拽离。

我们遭遇的另一个错觉，来自我们置身其中的互联网时代。互联网的强大和便捷，给我们创造了一个全新的环境。我们在网上购物、娱乐、学习、游戏，也在网上交友。虚拟世界占用了我们大量的时间，给人一种互联网能满足一切需求的假象。《在一起孤独》的作者，麻省理工教授雪莉・特克（Sherry Turkle）曾总结，社交媒体给了我们三种错觉：我们在任何情况下都能获得关注、总能被听到、永远不必独处。但恰恰是在互联网的发展过程中，调查数据呈现的是完全相反的面貌：人们正在变得越来越孤单。美国皮尤研究中心（Pew Research Center）是一个总部位于华盛顿的民调和智库机构，他们的一项研究表明，手机用户比非手机用户的个人社交网络大 12%，但活跃于社交网站的用户们虽然拥有更多线上社会关系，他们认识的邻居数量却更少，也更难融入本地社区。

这就是幸福电池的秘密了。“照顾好身体”“照顾好未来”两项，我们依着本能的指引顺势而为，便可以分头努力各自加油，不用太担心会跑偏；但对于“照顾好情感”这部分，我们深受周边环境影响，不容易想清楚，更不容易自然而然地做出正确的、真正有利于自己的选择。

种种现象都表明，“照顾好情感”这部分我们自助不来，必须与人合作。我们除了彼此关照，别无他途。越来越多的针对互联网社交的研究显示，并不是任何一种社交方式都能产生同样的效果，我们更需要甚至更依赖实时的、面对面的社交。[3]

美国宾夕法尼亚州的罗塞托（Roseto）小镇就有一个典型案例。

宾州小镇罗塞托的居民大多来自意大利的罗塞托，一个距离罗马 100 多公里的小城，属于佩鲁贾省。1882 年，第一批意大利罗塞托人漂洋过海，去新大陆寻找新生活。他们在纽约上岸，一路向内陆进发，最后在现在的小镇所在地停了下来。原因很简单，因为这里有石矿。他们在老家时就是以开采大理石为生，这是他们最熟悉的生计。落脚以后，他们把亲朋好友招来这里定居，美国的罗塞托小镇渐渐繁荣起来。他们在这个小镇里过着自给自足的平常生活，一直不为外人所知，直到 20 世纪 50 年代。

20 世纪 50 年代末期，一连串偶然因素，使得这个地方引起了外乡人的注意。首先注意到这里的是一位名叫斯图尔特·沃尔夫（Stewart Wolf）的医生。当时，他正好和太太在罗塞托附近的乡村度假，并受邀参加了本地的一个医学研讨会。会上，邻座同行随随便便说的一句话吸引了他。那位医生说，在他十几年的本地行医经历中，从来没遇到过 65 岁以下的罗塞托人得过心脏病。这句话让沃尔夫医生大吃一惊。在那个年代，我们现在习以为常的很多针对心脏病预防和治疗的药物和手段还未出现，心脏病在 65 岁以下美国男性的死因中位列第一。

沃尔夫医生回去后召集了一些同事和学生来帮忙，想要搞明白是什么原因促成了罗塞托的特殊性。首先是确认事实。事实是确凿的。罗塞托居民中，没有一个 65 岁以下的人死于心脏病发作，“甚至连一个显示出心脏病症状的人都没有”，且“该地区各种原因造成的死亡概率也比预期低 30% ～ 35%”。

沃尔夫团队的研究细致入微。他们首先假设秘密掩藏在意大利人的地中海饮食中，因而带了 11 位营养师来到小镇，与小镇居民一起买菜、做饭，结果很快否定了饮食因素。刚刚来到美国的罗塞托人很穷，买不起橄榄油，用的替代品是猪油；也没有做瑜伽或者跑步的习惯；他们喜欢抽烟，很多人还过度肥胖；当地传统产业是石矿开采，很多人生活在粉尘中。

接着被否定的是基因因素。在对移民到美国但生活在别处的罗塞托人进行了大量调查以后，发现那些人的心脏病发病率接近全美平均值。地理环境因素，也轻易被否定了——周边小镇居民的心脏病死亡率立刻攀升到了罗塞托的 3 倍。

经过数年备受挫折的研究后，沃尔夫医生终于开始考虑医学以外的可能性，邀请社会学家约翰·布鲁恩（John

Bruhn）参与到研究项目中来。罗塞托的秘密终于被一点点揭开。社会学家们的调研发现，罗塞托特殊性的成因，并非在于饮食、运动、基因和地理等因素，而在于这个由意大利移民组成的生活圈。这群罗塞托人执着地保持了老家的生活习性和文化——他们当中有许多三代同堂的大家庭，长辈在家族中享有很高的权威；信仰天主教的居民都会参加教堂的弥撒，神父在凝聚社会和安抚人心方面发挥着关键作用；大家频繁走家串户，在路上停下来聊天，在后院为一大家子人做饭，或者与朋友、邻居聚会。罗塞托小镇的人口不足 2000，却拥有 22 个从松散到紧密的各类社会团体。在这个源自意大利传统文化的熟人社会中，有钱人不炫富，居民们相互帮忙，陷入困境的人能获得很多来自社区的支持。总之，罗塞托的社会结构成了社区居民的保护伞，使得大家轻松化解了现代社会的压力。他们之所以拥有远远高于平均水平的健康状况，是因为他们紧密地生活在一起。

“沃尔夫和布鲁恩的研究结果使医学界最终认识到，孤立地考虑个人选择和个人行为，根本无法解释罗塞托人如何保持健康。这为医学界研究心脏病和健康问题提供了一条全新道路：那就是超越个人的范围寻找原因——要理解人们所处的文化背景，考虑他们的家庭和朋友状况，追踪其家族渊源。人们必须认识到，个体栖身其中的自然环境和社会环境，对人的发展发挥着不可磨灭的作用。”——这个在罗塞托第一次被观察到的现象，被学界称为“罗塞托效应”。

广为人知的“心情影响身体、心理影响生理”的说法，在一个社区规模的人群中得到了证实。

约翰·布鲁恩在多年以后回忆起对罗塞托的调研时，他的原话是——“这里没人自杀，没人酗酒，没人吸毒，犯罪率也很低。他们中，没有人领救济金。我们甚至没有发现任何人患上胃溃疡。生活在这里的人大多都是自然死亡，就这么简单。”

就这么简单。这不正是我们每个人梦寐以求的吗？

而罗塞托小镇并非孤证。在“社会关系质量影响健康”这一观点被提出以后，越来越多的研究印证了这一观点。

2005 年 11 月的《国家地理》杂志封面报道《长寿的秘密》中，作者丹·布特纳 (Dan Buettner) 第一次提出了“蓝区”一词，用以指称那些平均寿命明显高于世界平均水平的地区。在全世界有限的若干“蓝区”中，意大利自然条件艰苦的撒丁岛不仅位列最长寿地区，还呈现出在其他地区并未被观察到的一个特性：在这里，老年男性的平均寿命奇迹般地与女性基本持平。而在其他地区，平均每出现六位百岁老太太，才会出现一位百岁老先生。拥有25年临床实践和心理学教学经验的苏珊·平克（Susan Pinker）探访了撒丁岛后，出版了《村落效应》一书，提出撒丁岛的长寿之谜，谜底就在于在艰苦自然环境中求生的社群，演化出了高效的互助体系和紧密的家庭关系。由此可见，一个温暖的社群环境，不仅有助于提升幸福感，还能让人更健康长寿。

这大概就是“什么才是幸福人生”的确切答案了——红线之下，让我们先去解决基本需求；待生活品质提升到了红线之上，幸福与否则与你是否能生活在一群关系紧密的人中间密切相关。

环境！环境！

但是，如何做到？

这大概是最有挫败感的部分了。

当我们知道自己的需求时，环顾四周，大多会发现我们生活在一个冷漠的环境中。我们失去邻里很久了。新一代甚少有人真正理解“守望相助”的含义，是因为自懂事以来，在他们认知的世界里，治安都是由保安、警察及监控摄像头维护的。

自古以来，底层社会治安基本依靠自治来实现。如果仅仅依靠官府，在“皇权不下县”的年代，在县衙只养得起一小撮衙役的年代，社会秩序恐怕无法维持。长久以来的中国基层自治体系，大量依靠的是以士绅贤达为核心的熟人社会，形成了强大的行为约束体系。这种体系的遗迹现在还能看到一点。在过去的熟人环境中，比如北京或者上海的胡同里弄，外人走进去，总会感到自己背后有炯炯目光的关照，总会注意到自己被人用余光扫过，只此一点便形成了威慑。等到大家住进彼此陌生的新型住宅小区，胡同里弄的熟人社会被瓦解，“守望”的土壤消失，只能委托物业公司和职业保安来保障公共安全和自己的权益。这背后关系到的远不止社会治安问题。

大家多少感觉出了什么问题。近些年隐隐产生了一股“社区”热，从基层政府到地产商，从公益组织到商业企业，都以不同的初衷从不同的角度投身进来。感到哪里不舒服就会关注哪里，个人如此，社会也如此。“做社区”的热闹，正说明了“社区”的消亡已经被意识到。可是，明明几十年前，几乎全体国民都还生活在各自的熟人社会中，怎么而今“社区”就“消亡”了呢？要知道，这种以熟人社会为核心的生活方式，可是自古有之的。看看大唐长安的地图，看看一个个方块状的里坊，便能猜想到些许当年的盛况。如此源远流长的生活方式，怎么就大面积消失了呢？

答案是环境变了。

中国的住宅产品也是经过了一场漫长进化的，哪怕排除时间在建筑物表面留下的痕迹，大家也能从公共空间布局和房型上辨别出小区的新旧。最简单的，早期的住宅小区设计于私家车还没有普及的年代，因而毫不意外地一律没有停车位。设计是对需求的回应，当需求还不存在或者不被重视时，那么在设计中也就体现不出来。

邻里的重要性从地产发展的一开始就不被重视。究其原因，还是因为最初阶段大家缺的是空间而不是情感。稀缺便珍贵，珍贵才是机会，才能刺激消费。此后，地产商们眼中"更好的产品"一直就沿着那条路径向前延伸，不作他想。沿着一条路走来而且走通了的人，形成路径依赖是天经地义的事。房地产行业走的那条路，一言以蔽之，"更大更高级更尊贵更豪华"，地产商所考虑的"好生活"，也一律只停留在触手可及的超市、餐厅、学校、医院的层面。这就解释了为什么那么多住宅区的公共空间形同摆设，少有人使用——因为一开始就没往那个方向思考。业主会所为什么会统统做得像是五星级酒店大堂？因为设计单位拿到的设计任务书要求的是"让业主显得尊贵""让业主带客人来参观觉得有面子"，结果各位专业人士就直奔着“高大上”的方向而去，牺牲掉的则是人气。

人的行为受到环境的强烈影响，有些环境会让人舒适放松，能让人停留的时间延长，有的环境则恰恰相反。我们在肃穆的环境中会变得拘谨，在路边烤串喝啤酒时就会很放松。同样的我们，在不同的环境中行为模式完全不同，并不是我们将自己伪装成了不同的样子，而是我们在不折不扣地践行从小所受的社会规范教育——礼貌。礼貌，“礼的样子”，关键就在分寸二字。以完全一样的模式应对一切不同状况，总会在某些场合缺了礼数，所谓“失礼”。

生而为人，我们都有“自由意志”，可以按照自己的意愿为人处世；但另一方面，我们作为社会性动物，无可避免地要与他人相处，因而也都有“多元共处”的需求。人类社会的发展，每一步都是自由意志和多元共处的冲突和妥协。法律、道德之类的社会规则就是这么来的。我们都有不受约束、为所欲为的意愿，也都因为需要与别人共处而抑制自己的欲望，这两者之间的相互平衡，推动人类文明一步步走到今天。“礼貌”可以看作是我们一路演化而形成的一个结果。正因为“礼貌”教育深入骨髓，我们谙熟于与环境的互动，在潜意识中便完成了与周遭氛围的匹配。反过来，我们的不假思索，说明了环境的影响是难以抗拒的。这是我们在成长中一路都在学习的。

杭州的运河边一片保存完好的老式民居所在地小河直街，是个鲜明的例证。小河直街的一部分，是白墙青瓦间的巷弄，非常狭窄，如果在这里与人迎面相逢，要错身通过才不至于肢体接触。在这种尺度下，熟人间假装不认识是失礼的，因而邻里间在日常生活中必然常常相互打招呼或问候。不过，当巷弄里钻来钻去的都是游客时，兴许会略有尴尬，不知道该不该打招呼。在一个自然就该打招呼的尺度里遇到陌生人，是我们很少遇到的场景。而跨过一条小街，对面是另一个片区，同样的白墙青瓦，只是巷弄宽了，行人走在墙根便会觉得不打招呼也没关系。前面那片是传统老街区，后面是新建的，建筑形制基本无差，只因为道路尺寸不同，便感受迥异。我们就是这么敏感。

简·雅各布斯（Jane Jacobs）在《美国大城市的死与生》一书中，对人与环境的关系做过系统的解析。她在书中对20世纪50年代的城市规划政策提出激烈批评，认为错误的规划思路导致大量充满活力的邻里社区衰败。巴西利亚和伊斯兰堡这类完全依据人为规划而非自然形成的新城，也证明了她的观点：只服务于秩序和效率的规划思路，造成的是人气难以聚集的空城，没有活力的地方。与之恰成对比，没有规划师沾染过的、相距伊斯兰堡不远的自然聚居地拉瓦尔品第，则是一派热气腾腾的市井生活。

这可能就是令人有挫败感的地方了。环境能够直接影响我们的行为，这便解释了为什么我们在胡同、单位大院、工厂宿舍区能形成热热闹闹的熟人社会，而搬到了新建的住宅区却失去了结识邻居的欲望，过起了近乎老死不相往来的生活。人都是怕麻烦的，都有保守的一面，当环境不支持社交，我们便不会强行悖逆环境行事。过去在热闹得近似于部落的环境中，认识周边的人是自然而然的，并不是因为有人组织了什么社区活动；现在在满是陌生人的楼盘里生活，不认识什么人也是自然而然的，哪怕有人组织什么活动也作用有限。我们没变，变的是环境。

那么，环境能改变吗？我们能做什么吗？理论上，假如生活在半径 1 公里之内的 300 人同时理解到社区的重要性，大家同时决定要改变，并且真的付诸行动，改变是可能的。但这仅仅是理论上成立。这种方式的困难之处，是由生态化社区的特殊性造成的。在任何情况下，个体要对抗环境，都是非常不容易的。而在这件事上要说服一群陌生人一起行动，怕是更不容易。且城市相比于乡村，本身就存在环境上的先天缺陷。

城市居民典型的社交模式是什么样的？我们与朋友们吃饭聚会，一起逛街，一起出游，近可以郊野踏青，远可以天涯海角；我们会因为健身或桌游认识新的同伴，以共同兴趣为基础发展友谊；我们也会因为孩子同在一个课外班而熟识，成为朋友。城市的社交特征是半径很大，大部分远远超过了住家“附近”的范围。随着现代化进程的加快，城市的面积越来越大；随着私家车的普及和公共交通条件的改善，我们的活动半径增大，工作与生活的半径随之增大，留在自己的住所周边、与邻里相互交往的机会也就相应少了，所以现代城市天然有利于市场交易和商业化的陌生人契约关系的形成，却不利于熟人关系的建立。对于很多人来说，住所附近的社交是少到可以忽略不计的。

并不是说城市里就没有温暖的邻里关系和人与人之间

联结紧密的社区环境了。在很多城市都能观察到，那些原拆原建的楼盘中，因为邻里们的熟人关系源自原先的居住环境，所以依然还能在新环境中继续保持。如果有机会参加一场那些社区中的红白喜事，瞬间就能体察到熟人社会中与别处迥异的互动关系，那是充满了烟火气、生机勃勃的。

还有一个案例存在于上海老城区中的原法租界区域。由于历史原因，上海的很多文化产业相关单位集中于此。出版、演出机构等文化单位的聚集，也必然使一大批行业精英和从业人员在此出没。行业上的交集使得他们中的很多人相互认识，甚至一起共事。这群人中，不知何时兴起了一种生活方式：不少人租住在工作单位附近，将大部分生活和社交需求都安排在步行范围之内，这让他们成了附近店家的常客，和经营者熟识，也常常能在店里遇到熟人。他们以主动缩小活动空间、只在设定范围出没的方式，成功创造了自己的生活圈，创造了一个极为特殊的熟人社会。但是，这并不普遍。

倒是有一种现象颇为常见且与熟人社会息息相关，就是方兴未艾却又备受争议的广场舞。广场舞被人诟病的原因不外乎两点，一是扰民，一是舞者们“清理场地”的彪悍表现。扰民主要是因为扩音器的大声浪，有些地方的舞者已经主动配备了集体同步耳机，可以继续热热闹闹地跳舞而又不扰民。至于“清理场地”，则是社交媒体平台上强烈声讨的主题：时不时就会出现广场舞群体凭借集体力量强行“霸占”场地的短视频，比如为了跳舞而把停车场上好端端停着的车以蛮力推走，或者在篮球场上以武力驱逐打球的年轻人，这样的视频每每都能有惊人的播放量。可以想见，评论区几乎是一面倒的谴责。而换一个角度思考，这背后其实指向一个更深层次的原因：优质公共资源稀缺，人们缺少合适的公共活动场地。

但是广场舞很重要，重要到超过一般人的认知，甚至广场舞的参与者都未必能清楚认识到。2016 年，《进化与人类行为》杂志刊登了一篇研究报告，揭示了集体舞蹈对人类的影响。[1] 这份由牛津大学实验心理学系提交的报告题目为《无声迪斯科：同步共舞会提升疼痛耐受力和社交亲密度》，揭示了为什么会有那么多人热衷于参与到集体性的舞蹈活动中。研究人员设计了一个实验，让志愿者戴上耳机跳舞，分组学习相同或不同的舞步，并在舞蹈前后施加同等强度的疼痛刺激，然后通过血压测量来收集实验对象对疼痛的反应。结论是，那些共舞一曲的人，舞曲终了，对疼痛的耐受力提升了，感觉没那么痛了；而那些在同一乐曲中跳着不同舞步的，或者在不同乐曲中跳着不同舞蹈的，要么痛感没什么变化，要么痛感变得更强烈了。根据对这个实验的分析，研究人员得出的结论是，与人共舞这种合作行为能提升社交亲近感，疼痛耐受力的提升则很可能是脑内内啡肽释放的结果。内啡肽也被称为“快乐激素”或者“年轻激素”，它能让人感到快乐和满足，甚至可以帮助人排遣压力和焦虑。人类作为社会性动物，融入团体是生存的条件之一，因而我们的大脑可能进化出了一种奖励机制，以鼓励我们与他人同步。想想那些常组织员工跳集体舞的商家和企业，他们的工作特性大多是属于会频繁遭遇否定、拒绝和排斥的类型。他们需要从集体舞中汲取力量，以缓解疼痛，哪怕他们自己并不明白其中的原理。

所以，不要小看广场舞，它有着非常实际的用途，甚至可能解决很多人的情感刚需。我们不断听说被子女带到城市生活的父母，因为不适应城市生活而想要回老家。这难道是由于物质生活上的不满足吗？这种问题，也许通过尽快加入一个附近的广场舞团体就能解决了。

情感上的需求，我们作为个体往往无力满足。以一己之力改造环境即便并非不可能，也是极为困难的，困难到哪怕是一整个专事社区营造的团队都未必能解决问题。对于个人来说，最为容易的解决方案是选择一个现成的环境加入进去。

那么，首先需要鉴别出什么是好环境。这可以看作是为自己创造更好生存环境的一项基本条件。

到乡村去

乡村需要
重新被看见、
被认识。

关于中国乡村的
一切讨论，
唯有在当今时代的
现实基础上
重新思考，
才有意义。

重新看见乡村

人类的发展史是一部从乡村走向城市的历史。无数重大的历史事件都发生在城市里，无数重大的革命性变革都源自城市。农村是什么？是供养城市的食物来源，虽是构成国土疆域的基本盘，但也可以看作只是城市周边附带的地方。自古以来，城市都是比乡村更发达、更富有、更重要的地方，从乡村向城市靠拢一直以来都被认为理所当然。工业革命以后，城乡之间的流动加速，人口一面倒地从乡村流入城市，一边是人口越来越密集、城区面积越来越大，一边是农村越来越空心化。我们正处在这样的发展阶段当中。

中国的城市化速度在过去几十年中是惊人的，京津冀、长三角和珠三角都已经形成城市群，深圳从一个渔村长成千万级人口城市只花了 40 年，[1] 以重庆、成都为核心的西部城市群也正在迅速发育中，我国在 2011 年首次成为城市人口超过农村人口的国家。[2] 而如果时间倒退半个世纪，一切都还没有现出端倪，任谁也不能料到将会发生如此天翻地覆的变化。这样的加速度，是亲历者们都可以感受到的，并且我们都能感受到速度还在继续加快。

高速发展对个体产生的影响表现在方方面面，其中很重要的一部分发生在我们的认知上。历史上从来没有哪一代人如同我们一般，经历过如此彻底而不由分说的全方位冲击。我们在极短时间内从算盘时代跳跃式地进化到互联网时代，从简陋工厂丛生的落后状态变成工业门类齐全的制造业大国，从司机全是专职人员变成近乎人人都能开车，英语普及率位居世界前列……每当社会发生重大变化，人们的适应总是滞后的，尤其是在社会变化极为缓慢的农业时代，人们的适应速度也相应地更为缓慢，因此阅读史书所留下的印象是我们不善于改变，而更擅于习惯性地抱残守缺。这几十年的变化，则颠覆了这个刻板印象。中国人接受新事物的速度之快，学习能力之强，在变化面前的反应之迅速，使得中国成为创新能力最突出的国家之一。我们未曾料到的事情发生了——2019 年 11 月 12 日

“脸书”开通支付功能，坦承是学习了微信支付的经验，创始人扎克伯格还在网上表达“晚学了四年”的遗憾。[3]中国网民则在互联网上热烈分析“脸书支付”可能会遇到的困难，达成的共识居然是“美国的基础建设不足以支撑其广泛应用”。这就叫恍如隔世。

如果问什么地方最能代表“现代化中国”，我们的脑海中浮现的很可能是一幅幅灯光璀璨的都市天际线画面，上海浦东、广州塔、“魔幻重庆”、杭州钱江新城、苏州和湖州的闪亮地标等等。那么有什么是与乡村有关的现代化印象？大概会是穿过田野的高铁、山脊上成片的风力发电机、沙漠中的光能发电站，以及贵州大山里的天眼。我们对现代化的认知，总是与闪耀着金属光芒的人造奇迹紧紧联系在一起。

毫无疑问，中国正在逐步取得现代化的巨大成就。我们是不会甘于身处第二梯队的，要比就与最好的比，要做就做到最好。但是，且慢，当我们理所当然地认为这就是中国正在奋进的方向时，我们是不是满脑子想的全是城市？因为“北上广深”和一众飞速奔跑的新一线都市，如果要与巴黎、伦敦、纽约、东京一拼高下，大多数人都不会觉得心虚；但如果要把我们的“乡村代表队”组织起来，去与里维埃拉、托斯卡纳和阿玛菲比较一下，心里还剩多少把握呢？还会有谈论城市时的那般自信吗？

中国现在已是屹立于世界之林的一流大国，但这肯定不会是终点。我们这代人正在努力的，是把中国建设成为一个毫无争议的世界一流强国。仔细想想，一个世界一流强国，只有世界一流强大的城市而没有一流发达的乡村，肯定不够。乡村这块短板，是一定要补上的。

为什么认为乡村还是短板？一方面，我国确实还有很多乡村不够富裕，脱贫攻坚的任务也才刚刚告一段落。另一方面，伴随着过去几十年国家经济的整体高速发展，我国也有很多乡村已经非常富裕了，不是吗？如果单单从财富积累的角度看，中国不少乡村早已富裕得令人刮目相看。去华东和华南乡村走一趟，随处可见产业发达的乡村，村里的新房门口停着豪车，村里的年轻人与城里的同龄人，他们的衣着打扮、玩的游戏、追的流行热点，已无甚差异。乡村进步的一大特征就是城乡差异急剧缩小，这一点在年轻一代身上体现得最为明显。然而，我们的很多富裕乡村正在变得越来越像城市。更好的乡村应该是城市的翻版吗？一流的乡村、未来的乡村，究竟该如何定义、是什么样子？这无疑值得好好思考。

我们认为，中国未来的乡村，肯定不该是一个满是玻璃幕墙、闪耀着金属寒光、充满好莱坞式科幻元素的城市化区域。中国未来的乡村，一定应是更好的乡村。

在过去一轮席卷全国的“特色小镇”建设中，各地都在尝试闯出一条乡村建设的新路径，然而鲜少有真正禁得起推敲的成功模式，反而把“小镇”的定义扭曲了。在“特色小镇”浪潮之前，房地产楼盘还从未被公众看成是“小镇”。我们希望这样的曲解不再发生在“乡村”身上。谁会希望有一天我们的孩子指着一排厂房说那就是乡村？

那么，什么样的地方才称得上是一流的乡村、未来的乡村？一流的、未来的乡村应该符合什么样的条件呢？

我们认为起码应当符合两个条件：首先，一定还应保持着乡村的基本元素，是山水农田围绕着村落，而不是房子包围着的一片人造景观；其次，是有人愿意来这里生活。

有人愿意来这里生活，是关键。

来乡村“假装生活”是容易的。物质条件的提升，同步提升了国民的出游热情，其中也包括规模庞大的乡村游。每逢假日，中国每座城市的市民都出没在周边的乡村里，吃农家饭，住乡村民宿，呼吸着田野中的新鲜空气，带着孩子在野外游戏。不过这只是日常生活中的窗口，一个供自己透气的机会，与真正的乡村生活基本无关。所谓“愿意来这里生活”，不是蜻蜓点水式的周末游，不是充满文艺情结的乡村度假，更不是因为某项任务或使命而受命长期驻扎。真正的“愿意来这里生活”，是以自己的人生为投入，并没有怀抱着什么使命和信念，不带有自我感动成分，完全自主自愿地——生活在乡村。

一个生在城市长在城市的人，在有机会选择自己的人生走向和居住地时，出于完全自我的考虑，权衡过一切利弊，愿意定居在某个乡村，那么这个地方才称得上是“一流的乡村”。或许很难想象。想象与现实之间的差距，就是城乡之间的差距。

但是，城乡之间真的有如此巨大而绝对的差距，以至于除了极少数异类，所有“正常人”都只会选择城市并视之为“必然”？如果是，那么这些差距是什么造成的呢？

有机会弥合吗?

或者换个角度思考：是什么阻碍了大家选择在乡村生活?

要解析这个问题，首先遇到的障碍是“认知”上的。大部分人之所以根本不会考虑这个问题，是因为根本都没意识到还有这种奇葩问题的存在。不选择在乡村生活，还需要理由吗？这不是智商正常、具备基本常识的人都该知道的吗？——而这恰好就是阻碍深入思考乡村可能性的“认知”问题。当所有人都以为答案已经很明确的时候，就不再有人认为还有问题需要解决了。“乡村不在人生的考虑范围内”，或者“如果有机会，就要离开乡村去城市”，总体来说一直都是非常正确的陈述。在经受了那么长时间的考验、那么多次历史进程的反复无常之后，这样的认知依然成立，那么当然可以被当成不证自明的真理。过去一直被证明是正确的事，我们当然会不假思索地假设它还将一直正确下去。

但是这一次，对于乡村而言，时代真的变了。

一件事情一直保持不变，是需要满足一些基本条件的，一旦基本条件改变，一切也就会随之改变。如果不是一颗小行星改变了基本条件，主宰地球一亿六千万年的恐龙可能还在地球上漫步，而人类根本就不会出现。最近几十年，有两个主要因素，已经深刻改变了中国乡村的基本面貌。如果这两个因素来势如同小行星撞击地球一般迅猛，我们可能在巨大的刺激之下早就开始做出反应，但因为是缓缓而来的渐次改变，我们每次接受的资讯量不足以大到影响全局观，反而使得基本认知没有受到根本触动，表现出来的就是世界改变了，而我们的认知没跟上。

改变中国乡村要素的第一件事，是技术的进步。过去我们完全不会考虑乡村生活的一个主要原因，是乡村在精神属性上的“愚昧、落后、保守、贫乏”。城乡在分道扬镳、各自发展的初始阶段，就形成了信息环境的本质差异。城市从一开始就创造了一个密度更高的人口环境，更适合信息的聚集与传播。信息的流通吸引了更多人的聚集，也推动着城市发展，城乡之间因而形成了巨大的信息差距。“刘姥姥进大观园”所传达的，正是长时间处于低密度信息环境中的人，忽然置身于大信息量环境而受到冲击时的表现。这句俗话另有一种带有侮辱意味的表达，叫作“乡下人进城”。现代人为了避免自己出现这种“信息脑震荡”，很多人拼命吸收信息，进而在互联网时代造成了新的问题，表现为难以自控地“怕错过”。

信息环境确实会对人造成影响，而影响的结果之一就是大家对乡村形成了信息闭塞的刻板印象。而今，生活在乡村就意味着信息滞后吗？不然。现在，感谢移动互联网，感谢智能手机，在电网和互联网畅通的乡村，信息闭塞的环境一去不复返。至此，一个山里的老农和一个陆家嘴的白领之间的资讯差距，在硬件层面消失了。

改变中国乡村要素的第二件事，是中国式基建。中国“基建狂魔”的称号不是浪得虚名，那是我们的基建铁军在全世界最严酷地质条件、最复杂气候环境下，在永不停歇的奋斗中磨炼出来的。修建一条等距离的高铁路线或者高速公路，在长三角、珠三角的造价要比在云贵高原低得多，考虑到经济的发达程度和受此影响的收益，在东部发达地区的基建投入要比在西部效率高得多，如果从投资回报率的角度考虑，根本不该去西部做那些建设。但为了让云贵山区的村寨通上水电、通上网络和公路，国家以不可想象的决心，投入了天文数字的资金，彻底改变了乡村的面貌。

中国乡村规模空前的基建，相当于对乡村进行了一次操作系统的整体升级。电脑操作系统的升级，能让算力更强，让信息跑得更快，实现更复杂的功能，呈现出不同于以往的效果。中国乡村的系统升级也一样。

操作系统的重要性在于，它是一切的基础。生活在昔日乡村，物质生活必然会受到巨大的影响。物资大都集中在城市，向外一级级衰减，到了乡村已经不剩什么。在物质匮乏的年代，城市里都买不到什么东西，遑论乡下。当网络和公路铺到乡村，乡村的另一项根本改变发生了——中国乡村的物质生活，得到了前所未有的改善。资讯通畅的、可以与全世界一起看直播的乡村，物资丰富的、买得到王府井和南京路潮牌的乡村，在过去是不可想象的。这一切，如今在中国绝大部分乡村已经实现。

乡村需要重新被看见，重新被认识。关于中国乡村的一切讨论，唯有在当今时代的现实基础上重新思考，才有意义。

环境的力量

信息和商品流通度的城乡差异大幅缩小，代表乡村在精神文明和物质文明方面已经迎头赶上，这是乡村日后发展的基本保障。

进一步审视乡村，还有惊喜——乡村里隐藏着一些事关生活的最重要价值，这便是“环境”。

蜿蜒的溪流，青翠的山林，夏日的荷塘蝉声，春天的满山花开……这是乡村随处可见的自然景观。许多城市努力想要成为“花园城市”，这是难得的城市希望向乡村靠拢的一方面。对于城市居民而言，生活在“花园城市”能够极大地提升幸福感。城市的人口、建筑和信息密度，再加上更快的节奏，难免给人以压迫感，这时，逛逛公园，游游湖，爬爬山，便如同在精神上伸个懒腰，令人放松。近年来，随着发展步伐的加快，城市又日益变成一个极易令人疲惫的地方。这样一来，乡村的“生态文明”就成了一个明显的优势。

青山绿水的美景固然让人心旷神怡，但乡村环境的功效不止步于此。乡村环境的特性与人际关系密切相关。与美景带来的慰藉相比，这才是更值得关心的部分。

城市的熟人社区式微，并非只在中国发生。哈佛大学的罗伯特·帕特南（Robert D. Putnam）教授在2000年出版的《独自打保龄：美国社区的衰落与复兴》一书中，系统而详尽地展示并分析了美国社区的衰落，从中不难看出美国与中国的“殊途同归”。针对社区的衰落，帕特南教授提出四项主要原因：第一，大家更忙了，忙着挣钱，关心身边社区的时间和精力必然减少；第二，城市扩大了，更大的城市耗费了大家更多的时间；第三，科技进步影响了媒体，改变了生活习惯（他说的还只是电视）；第四，代际更替，新生代更不愿意参与社区活动。

在这四项总结当中，前三项完全可以搬来解释我们身边的状况，第四项则更像是一个结果而非原因。现在城市里的孩子与他们父母童年的生活状态存在很大的差异，物质条件更好了，但是朋友、玩伴变少了，很多孩子没有

“发小”了。这无疑是生活环境变化以后，受环境影响而形成的结果，而不能看作导致熟人社会式微的原因。

回过头来审视乡村。在乡村，大家也关心挣钱，但是与城市里的模式不同，乡村的经济收益模式无非在地或出门，经济欠发达地区出门务工的多，经济富庶地区在家乡工作的多，前者对社区最大的破坏或许是空心化。而在科技进步面前，则人人平等，无论是在城市还是乡村，人们都受社交媒体平台和游戏的诱惑，但在乡村，受影响更大的恐怕是孩子，在那里长辈们似乎更不介意用手机来打发小孩。因受到手机和平板电脑的影响而减少了面对面交往、游戏的现象，到处都在发生。

而就形成熟人社会的区位条件来看，与城市相比，乡村的优势无疑更为明显。在乡村，人们的活动往往发生在自家周围的有限区域内，因而更容易形成紧密的人际关系。这一点不难理解。试想疫情禁闭期间，若是把每个人的活动范围限定在自家所在小区的范围内，将会发生什么？时间一长，邻里关系便建立起来了：遛狗的、带娃的和老人们大概会先熟悉起来，随后各类兴趣小组相继形成……一切都会自然而然地发生。当人们离不开一块面积不大的场域，只能在有限范围内活动时，人际交往就会频繁起来。

城市的问题就在于太大了，人们的选择太多了，且社交大量发生在商业中心，因为那里提供了更多元更便利的选择。当人们一早出门上班，天黑才能回家，应酬和朋友聚会都在中央商圈进行，回到小区就想回家躺下，哪里还有时间和精力用来营建、维护自己身边的社区？而如果一个人的住所、工作地点、朋友都集中在一个相对较小的范围内，那么人际关系生态便会全然不同。而这恰恰就是乡村的生活形态，也是上海老城区原法租界内一些文艺青年正在过的生活。不同的是，这种生活形态在乡村遍地都是，在城市里则很大程度上变成了偶然现象。当然，如果你一定要加入到某个成型的社区中去，只要决心足够坚定还是能做到的——先去规定片区内租房子，再在同一区域内找工作……最好还能找到一个“社区居民”带领、引导自己。这样的日子大概坚持一年半，多半就能融入了。但是，目的性那么强地生活，未免过于辛苦了吧。

乡村最好的部分，就是提供了一个有利于熟人社会形成的环境。只要在那个环境里，与大家相处的时间足够长，一切都会顺理成章地发生。而这样的环境，在城市里则是极为稀缺的。

社会学中有个名词叫“社会资本”（Social Capital）。根据维基百科:“社会资本是资本的一种形式，是指为实现工具性或情感性的目的，通过社会网络来动员的资源或能力的总和。”如果比较粗线条地解释“社会资本”，可以将之视作人际关系中的信任、理解和互利。社会资本值高的地方，人们相互信任、理解和互利的水准也比较高，反之则较低。社会资本值的高低，让社会呈现出不同的面貌。这一难以量化的因素，却是影响我们生活品质的关键。

这是因为，信任、理解和互利的社交行为，必然会促进人际间的合作。社会层面上广义的“合作”，是指个体与个体、个体与社会之间的一切良性互动。在斑马线前为路人停车的司机，也会站在斑马线前成为路人，仰赖别的司机为自己停车。当这样的“合作”广泛发生，便形成了提升生活品质的“友善环境”。信任、理解和互利促成了合作，合作也进一步推动了人际间的信任、理解和互利。这件事没有任何人能单独完成，我们必须与别人、与社会合作。

对这个概念的理解，可以简化为“信任”。在一个相互信任程度较高的环境中，大家愿意互助，即便不相识也能够彼此友善相待，这就是一个“社会资本”值较高的地方。而如果有老人摔倒，大家都不敢上前搀扶，彼此提防，那么这个地方的“社会资本”值不可能高。城乡之间的差异，有一部分就是社会资本的差异。所谓“城市冷漠”，就是基于与乡村的比较而形成的印象。

可是，且慢。就算乡村拥有更易于形成良性人际生态的环境，也不意味着人人都能驾驭乡村生活吧？一个说着不同口音，有着不同思维方式、文化背景、生活习惯的外乡人，如何才能无痛地扎根一个村落呢？这似乎很难想象吧？

在过去十几年里，随着不少城市居民对城市生活感到倦怠，中国乡村的各种新移民形态正在经历一场规模空前的试错，各种各样的模式轮番尝试，甚至被媒体称为一场“逆城市化”运动。其中，最令人瞩目的样本出现在了云南大理。

大理社区简史

大理古城距离云南省大理白族自治州州府所在地下关约 13 公里，位于省会昆明以西 300 多公里，所处的位置是横断山脉边缘的一小片平地，夹在中国排名第七的淡水湖洱海和最高海拔超过 4000 米的苍山之间。这座小城曾经是南诏国、大理国的都城，现在是全国著名的旅游度假目的地，户籍人口大约 6 万人。

大理的特别之处，在于有一个自然形成的、极具多样性的社区生态，很多来自全国甚至全世界各地的家庭生活在此，是一处罕见的“生活移民”目的地。自从改革开放以后，中国大量人口加入了移民的行列，其中绝大多数可以归为“经济移民”——为了追求更好的生活而移居。2014 年以前，大理的知名度不算高，对于大多数游客而言，大理只是去往丽江的一个中转站。尽管美丽的苍山、洱海和高原的蓝天白云摄人心魄，但大理忽然迎来的一轮爆发，却是因为这里作为“诗与远方”的代名词，而成为全国文艺青年的度假胜地。除了自然风景之外，在此聚居的新移民们多姿多彩的生活，恰好符合了许多人对于理想生活的想象。

大理社区的居民来源极其多元，人们来自不同的地区或国家，讲着带有各地口音的普通话或英语，从事过各种职业，有着各自的饮食习惯和口味偏好，信仰不同的宗教，有着各自的生活观和价值观，以及各式各样的兴趣爱好与特长，大家和谐共存，形成了一个开放包容的多元化社区。在这个什么都会有人喜欢或讨厌，什么都会有人支持和反对的多样性社区里，底层的“操作系统”极为开放包容，国法之外仅有的约束大概就是“你的自由不要影响别人的自由”。

这个也许是中国最为开放社区的源头，可以追溯到40年前。中国改革开放之初，国门开始对外来旅行者敞开，盘踞在东南亚已久的背包客们三三两两地开始沿着湄公河—澜沧江溯流而上，进入中国的大西南。这些背包客的显著特点是身上没多少钱但有的是时间，因而移动缓慢，到达一个喜欢的地方就停下来盘桓一阵。渐渐地，他们就在广西、云南的某些地方聚集了起来，有的人干脆就住下了。他们聚集得最多的地方，是广西的阳朔和云南的昆明、大理、丽江。这四个地方被纳入国际背包客的“香蕉煎饼路线”（banana pancake trail）。香蕉煎饼是东南亚背包客喜欢的一种廉价街头食品，以此命名的“香蕉煎饼路线”不是一条单一的路线，而是囊括了遍及东南亚及中国的几乎所有背包客据点的一张网络。此前，中国人大都只知道桂林而不知道阳朔；丽江在 1996 年大地震以后才为外界所知，那时候已经有一群背包客生活在那里了。大理知名度的提升倒是不需要借助他们。20 世纪 50 年代的电影《五朵金花》已经让大理名声远播，金庸的小说又让大理再上层楼，但很久以来大理一直叫好不叫座，匆匆忙忙的旅行社大巴一般只在大理停留几个小时，就奔他们真正的目的地丽江而去了。因此，长久以来大理并没有被名声所累，一直安安心心地过着自己的小日子。

最早聚集在大理的外国背包客，把据点设在了大理古城护国路上，后来那段短短的街道以“洋人街”的外号广为人知。早期的外国背包客形成气候以后，对当年的大理做了一番有趣的改造，其中最重要的一项是饮食。每个人的饮食习惯都是根深蒂固的。因为每个人的蛋白酶构成都与小时候的饮食习惯密切相关，相当于做过一次饮食习惯的初始设定，所以才有了“胃是最思乡的”的说法。[1] 形同扎根在大理古城洋人街上的“老外”们，有很强的动力去改造本地的饮食以适应自己的口味，而动手能力强且喜欢动手，恰恰又是早年背包客的共同标签之一，这便在大理催生出了由咖啡馆、餐厅、酒吧等元素构成的早期外国背包客餐饮及娱乐业态。在这个过程中，不少与“老外”们玩在一起、交上了朋友的本地年轻人，在外国朋友的指导和帮助下，成为了最早一批西式餐饮娱乐服务生意的实践者。据说西南地区第一个比萨烤炉就在大理博爱路上的樱花园，是当年 17 岁的老板阿海和两位意大利朋友一起搭的。

接受外来餐饮品种的传统，在大理由来已久。大理的特色小吃乳扇，是由忽必烈蒙古大军留下的奶酪演化而来；清光绪年间，法国天主教传教士田德能到现大理白族自治州宾川县平川镇朱苦拉村传教，并引进种植了越南咖啡苗，使这里成为中国最早的咖啡种植地。这一次，大理接纳了比萨、意大利面和奶油蘑菇汤……而由此引发的变化，则是始料未及的。西餐品种的增多，吸引了越来越多的西方旅行者在大理驻足、停留更长的时间；西南小镇中的咖啡和西餐，又吸引来了一批敏锐的中国艺术家和文艺青年。外来者陆陆续续来了大理，有的来了又走，有的在此定居，过上了物质上并不充裕但精神上富足美好的生活。彼时，离开固定工作岗位依然还能获得收入的工种不多，其中艺术创作占了很大比重。因而从早期的大理移居者开始，文艺基因就已生根。

1996 年以后，丽江在地震后迅速崛起，吸引了大量游客前来度假，这在客观上起到了掩护大理的作用。就这样，最早的大理社区就在宁静的环境中慢慢成长起来，与世无争、心满意足。与丽江全面转向旅游经济不同，大理一直不温不火，过着自己隐秘的惬意生活。这段时间至今还被很多“老大理”认为是最美好的时光。

然后就是无法抵挡的自媒体时代了。先是博客，再是微博，然后微信……隐秘的大理生活被放大、扩散到了外面的世界。起先生活在大理古城的人还抱有一丝侥幸，希望洱海对岸新兴的度假目的地双廊可以继续掩护大理，后来这被证明只是幻想。但大理并没有就此没落或失控，越来越多的人移居到大理来，社区规模迅速壮大，社区生活也随之活跃起来。生活在大理的人，少了城市生活的紧张和压迫感，闲暇时间多了，生活自然变得散淡。文艺最不可能通过追求效率的方式来生产，而大理恰恰提供了一个适宜的环境，在这里，生活中的点滴灵感以各种奇妙方式开花结果。

在大理结出的果实中，有一颗，根据不同的立场和观点会有不同的评判，但事实本身毫无争议：大理的房价在短时间内迅速上升，尤其是古城边楼盘的价格，达到甚至超过了省会昆明。在中国其他省份也有这样的案例，比如青岛房价超过济南，厦门房价超过福州，但像大理这样的镇级行政区房价超过省会市中心的，似乎仅此一例。市场价格本质上是由供需关系决定的，因而从房价本身就可以观察到大理移民发展的草蛇灰线。

大理的社区发展史揭示了一条清晰的路径。最初一群人出于自身需求，对本地饮食所做的一点改变，引发了另一群人的兴趣；产生兴趣的一群人，因其工作属性关系，给这个地方注入了日后成为标签的基因；当聚集的人群规模足够大，他们演化出了一套不同于城市的生活形态，特征鲜明，易于识别；在被主流媒体忽视的时代，这种生活形态度过了平静的生长期；最后，这里被自媒体引爆，由此变成旅游度假热点。

大理是个非常独特的案例，可以从多个角度解读。从社区生态的角度来看，大理提供了一个难能可贵的实证，证明了即便在主流价值观坚定认为更好的人生方向应该是从乡村到城市时，也会有一群人选择相反的路。他们不仅没有遵从主流价值观的指挥，还共同创造了一种令许多人羡慕的生活方式，吸引了更多人加入。他们创造了一个小环境，并强化了这个环境，使大家都能在这个环境中受益。

最重要的是，大理证明了：自愿选择生活到乡村去不仅是真实存在的现象，而且做出选择的人并不边缘，更不怪异，这种选择完全可以是理智且明智的。

乡村确实易于形成社区生活，社区生活确实提升了幸福感，这个简单逻辑在大理是可以被清晰看见的。

乡村健康方案

2020 年是个极为特殊的年份。这一年，大家瞪大眼睛观察着被新冠肺炎疫情席卷的世界；这一年，1960 年出生的人进入 60 岁，正式步入退休行列。

据统计，中国有九成的老龄人口选择就地养老，这个比例在“60 后”加入以后是否会有所变化，目前还不得而知。不过，如果留意观察一下，就会发现不少远未到退休年龄的人已经开始设想自己的养老方式，很多人所做的打算就是邀约一群朋友，抱团到乡下养老。这说明大家对乡村环境的基本认同是存在的。剩下的，就是要看哪里的乡村足够好，禁得起人们的考量。

即使是在信息已然畅通，物质生活条件也不再是问题的今天，我们依然认为城市在两件事上具有无可争议的优越性：医疗和教育。

城市具有高密度的人口。庞大的人口规模产生庞大的需求，庞大的需求拉动庞大的投入，庞大的投入创造出强大的满足需求的能力，这一切，都是乡村无法比拟的。而如果乡村也聚集上巨量的人口，那还是乡村吗？沿着这样的思路，问题是无解的。

好在解决问题的方法往往不止一种。况且当下医疗和教育本身就是广受关注的全球性社会问题，在城市，在乡村，在各个国家、不同社会制度下，各种关于医疗和教育的试错从未停止。从生态演进的角度看，我们始终处于变化的过程中，我们所处的当下，一定不是人类文明的终点。

以医疗为例。人们都会关心身边是否有足够好的医院，甚至会有意积攒一些相关的社会关系，以备不时之需。医疗资源的不均衡，导致医院（尤其是知名医院）人满为患。无论是在城市还是乡村，人们都在不同程度上面临着就医难的问题。

好消息是，医疗问题确实将会因为技术的突破性发展而得到改善。人们熟知的硅谷以计算机方向的技术创新著称，云集了大批信息产业的顶尖公司。实际上，从 20

世纪 70 年代开始，生物科技就在硅谷发轫，且充满创新基因。全球第一家生物技术公司基因泰克（Genentech）的成立，确立了生物技术作为一个独立产业的地位。如今，旧金山湾区及硅谷有超过 1000 家生物科技（医疗）公司，形成了全美最大的生物科技企业群，并且其规模还在持续扩大。由于同在硅谷，跨界创新层出不穷，信息技术推动健康产业迅速发展，为解决健康问题提供了崭新的思路。

在全球化使得地球村内部联结日益紧密的今天，竞争与合作在世界范围内展开。2014 年，手术机器人引入中国，开启了一个全新细分产业的发展征程。手术机器人是闯进医疗行业的新物种。工业时代伊始，人类就发现动手能力将是我们率先在机器面前败下阵来的部分，而今这个假设又将在手术领域应验。更小的创口、更少的损伤、更准确、更精细，这些无疑都是患者的福音。在过去不到十年的时间里，医疗机器人从完全依赖进口，到国产设备起步，到国产设备赶上进口设备市场份额，一步一个脚印，普及趋势已经越来越明显。手术机器人是医疗机器人的一个分支。在中国的医疗机器人领域，除了占比 17% 的手术机器人，份额最高、约占 47% 的康复机器人占了半壁江山，正在为病人提供更精确有效的康复辅助；医疗服务机器人约占 13%，主要用于减轻医护人员的工作强度，或在危险性环境（比如传染性环境）中作业；占比约 23% 的辅助机器人，则适用于人工智能读片、远程医疗等场景。[1] 根据中国电子学会数据统计，“2019 年我国服务机器人（包含特种机器人）市场规模约为 29.5 亿美元，其中医疗机器人 6.2 亿美元，同比增长 34.8%。2020 年，我国医疗机器人市场规模有望达到 8.6 亿美元”[2]。而这还是在手术机器人极为昂贵、尚未能纳入医保的情况下达到的。现在手术机器人还处于初始阶段，假以时日，在市场需求的推动下，在技术飞速进步的加持下，普及已是必然趋势。

同时，前沿医学正在探索基因工程、脑机接口和分子打印机，一面在基础研究领域继续突破，一面在应用技术上高歌猛进。在 5G 的应用中，远程医疗是非常重要的一部分。远程医疗和医疗机器人一样，是正在起步、势在必行的产业。技术提供的可能性，对乡村的意义甚至可能远远大过城市。在数字化的加持下，人体的性状得以转化成机器可以识别和判断的语言，并在大数据下形成算法，对整个健康医疗行业有着深远的影响。远程医疗的逐步普及，为缩小城乡差距提供了有力保障。

此外，还有基于乡村社区独特性而产生的医疗生态。2016 年，生活在大理的新移民郑女士身体有点不舒服。她起先怀疑是因为吃撑了而感到不适，但两天以后还是没有缓解，就开始焦虑。她的邻居张念，是早年由上海医疗系统派到云南支边、被安排到当时还未更名为香格里拉的中甸行医的外科医生。服务期结束后，因为热爱云南这方山水，他从此留了下来，把家安在了大理。在大理这个熟人社区里，张医生成了很多人咨询求助的对象，成为很多家庭的“家庭医生”。这位“家庭医生”与大家的关系，首先不是医患关系，而是一起吃饭喝酒野游的朋友、邻居关系，是社区的一员。郑女士身体不舒服，第一时间想到的不是去医院挂号，而是向邻居张医生问询。在微信中了解了郑女士的病况后，张医生怀疑是胆囊问题，建议她先去医院检查，并给出了非常具体的建议，具体到去哪个医院的哪个科室挂号，请医生安排做哪些项目的检查。检查结果出来后，确定是胆囊炎。接下来，就具体治疗方案，郑女士和张医生讨论了几个月之久，最后决定手术治疗。张医生安排了住院和手术的全部流程，郑女士经历了一次毫不操心的治疗，几天后就出院回家休养了。

在这个过程中，有几点尤其值得总结。首先是在技术进步和社会财富增长的双重影响下，大理社区所在的镇级行政区（介于县和村之间，与乡平级），近年来医疗条件的进步是有目共睹的。其次，在一个小地方，在一个熟人社会中，张医生自然而然地连接了身边的诸多资源，有需求时便可轻松调用。再次，还有一张更大的网络在背后作为支撑——互联网。张医生是中国领先的数字医疗平台“丁香园”的明星版主。正是丁香园“学术交流、继续教育、用药指导”的功能，让一位远在云南大理的“乡村医生”得以在这个日新月异的时代保持专业能力的更新，最终使得他所在的社区受益。最后，相较于城市中陌生人之间的交往模式，熟人社区得益于更为单纯、互信的人际关系，沟通成本大大降低，事情变得更简单了。

在一个高社会资本值的环境中，解决问题往往依靠的是一套适用于熟人社会的模式，而非制度性的行为规范。这种模式提供了解决乡村需求的另一种可能性。

健康和长寿是人人关心的话题。在中国的医学传统中，有个核心思想叫作“上医治未病”，我们大多数人都在身体力行。在现代语境中，“健康的生活方式”包括更好的生活环境、避免压力和焦虑、健康的饮食和作息等，常常扮演着“治未病”的角色，现在我们还有必要把社区生活的温暖人情也包含在内。医疗是健康产生问题以后的解决手段，避免产生问题，推迟问题产生的年龄，对我们无疑具有非凡的意义。保持健康，保持长寿，说到底就是要保持高质量的人生。乡村具有自然环境的优势，同时得益于社会进步和科技发展，正在成为——并且越来越成为——更有益于长远健康的地方。

这里有个有趣的预测。我们认为中国的第一代逆龄族（Amortality）即将出现。“逆龄族”一词由美裔英国作家、记者凯瑟琳·梅耶（Catherine Mayer）创造。她在 2011 年出版的《逆龄社会：越活越年轻的全球趋势》一书中提出这一概念，指的是一群无视年龄标签、心态永远不老、不论什么年岁都过得像年轻人一样的老者 [代表人物是《花花公子》创办人休·赫夫纳（Hugh Hefner）]。作者观察到，这群另类老年人在西方社会中越来越多，形成了一种流行趋势。我们认为，这群人也即将在中国出现，有可能就在“60后”之中。一旦乡村的基本条件能够满足，他们便更有可能生活到乡村和小镇里去，因为特立独行的另类标签会使他们抱团的意愿更为强烈，而小地方也更容易成为他们的主场。另一种可能是，生活到乡村社区环境里的老人，会因此变成逆龄族。年轻的心态和抱团的社群生活，加上乡村优质的自然与人文环境，以及日新月异的技术进步……他们成为中国“蓝区”的创造者都说不定。

教育的明天

与健康地位相当的，是教育。

生活到乡村去，是很多人的向往，但放不下的是孩子。就目前状况来看，显然城市能够提供更好的受教育机会。如果整个时代停滞不前，且现行教育体系运转顺畅，如此判断肯定没错。

但你相信吗？中国的小学生抑郁检出率为一成左右，初中生约为三成，高中生接近四成。这并非危言耸听，而是中科院在《中国国民心理健康发展报告（2019—2020）》中发布的数据。这些学生，有的厌学、失眠，身体出现各种不适；有的沉溺于网络而逃避现实；极端的甚至选择结束生命。

2021 年有一则新闻，“河南中烟”当年“一线生产操作岗位”拟录用的 135 人中，硕士学历的有 41 人，其中包括人大、武大和留学归来的研究生，占比 30.37%。[1] 工作岗位不应有高低贵贱，但这一事实所揭示的，无疑是极端的“学历过剩”现象。在“河南中烟”的个案中，研究生们曾经研究的是什么不重要，重要的是获得了作为“入场券”的文凭。从供求关系角度看，教育体系的供给能力已然超过了社会的消化能力。这一现象不仅出现在中国，在美国、日本、欧洲各国，同样数见不鲜。教育产能过剩，是个世界性现象。

另一边，家长们能甘心吗？在中国传统的“望子成龙”标准中，升入更好的学校，进入更好的科系，取得更高的学位，进而在金字塔尖占据一个绝对优势的位置，才是不辜负十余年的寒窗苦读和父母的含辛茹苦。教育已经越来越像那个被灰熊追赶的笑话，你不需要跑得过灰熊，但你一定要跑得过同伴。

在残酷现实之下，若是劝家长们别在意孩子“输在起跑线上”，怕是很难。虎爸虎妈们意志坚定、斗志昂扬，为了让孩子在这场“一将功成万骨枯”的竞争中成为“一将”，多少家庭拼尽了全力，此间，为他们摇旗呐喊的，是层出不穷的教育机构。

上大学，是中国父母对于孩子教育定下的明确目标。很多父母认为子女考上大学之日，才是自己完成使命之日。为了配合这种迫切的需求，大量教育培训机构应运而生。根据《2020 中国家庭教育行业研究报告》，我国新中产人群在支出结构上 , 教育支出 (52%) 已经超过其他生活费用，成为仅次于日常开销 (71.2%) 和房租房贷 (53.9%) 的第三大日常支出，收入越高的家庭，在子女教育方面的支出占比越大。焦虑的父母、辛苦的学子、极速扩张的学校、雨后春笋般的培训机构、高企的教育开支、扭曲的学区房房价、迷茫的前途，以及不复存在的本应属于孩子的快乐童年……这就是现实。全世界都知道出问题了。在 Ted 大会上，肯 · 罗宾逊爵士（Ken Robinson）关于教育的一次演讲，[2] 播放量达到了惊人的 7000 万次，创下历史新高。

现行教育体系发端于 1800 年前后的普鲁士。在此之前，东西方国家都不认为教育是国家的义务，而是每个家庭自己的选择。在有条件的家庭，西方人将孩子送去修道院，中国人则将孩子送进私塾。工业革命唤醒了一个又一个国家，各国相继意识到了教育的重要性。现行教育制度是因应工业革命的需要而产生的，其任务是为社会提供极为短缺的科学家和工程师。工业革命是一场国力的竞争，谁跑得更快，谁就能更强。中国在鸦片战争中惊醒过来，加入了这场赛跑；因为跑得不够快，在“国运之战”甲午战争中败下阵来。中国最早的现代大学，可以追溯到那个年代。

1872 年 8 月，中国第一批赴美留学的 30 名 12 岁左右的学生从上海启程。这些学生的招募过程充满波折。当年国人认为读私塾、考科举才是正途，西洋是蛮夷之地，稍有资质的学生、稍有资产的家庭，都不愿走这条留洋求学之路，哪怕是公费官办。因此，当年这批学子，并非天资特别，且大多是穷人出身。而若干年后，他们当中，出现了清华大学校长、北洋大学校长、交大创始人、外务尚书、内阁总理、海军元帅、交通部部长……以及詹天佑。那个时代，只要是接受现代教育的学生，都是天之骄子、时代精英，找工作根本不在话下，全世界都向他们敞开大门。150 年后，仿佛换了人间。

教育是为未来做准备的。曾经，你不需要做特定的准备，教育体制都帮你准备好了，只要按部就班地完成学习，社会自会有你一席之地。彼时，社会给读书人准备了一整套“大礼包”，前途、地位、收入，一应俱全。现在，这套“大礼包”理论上还存在，但一个学子除了付出努力之外，还要赌运气，因为僧多粥少，不够分了。从供不应求到供大于求，现在的问题不是作为个体的我们是否适应新时代的变化，而是整个体系都处处显示出了不适的疲态，而当体系出问题时，具体表现往往是个体受到了冲击，进而让人误以为是个体出了问题。当清华北大的毕业生在辛苦地寻找工作时，拿着纽约大学文凭的人也处在找工作的焦虑中。这一次，全世界都遇到了瓶颈。

现行教育体系带有浓重的工业时代特征，追求的是效率，而非个体的独特性。因为不需要。对于离开学校、进入社会的年轻人，社会并不在意谁做了科学家、谁成了工程师，而只关心社会需求是否得到满足。为了方便从人群中识别出“适用人才”，标准化的排名系统被设计出来，标准化考试成为最重要的筛选工具；在标准化考试的指挥棒下，标准化的学习内容也就成了必然。工业社会非常善于标准化，擅长批量生产，而不善于个性化。因此，即便在传统学习模式中也有“因材施教”的心愿，它也无法得到推广——底层操作系统不支持。

计算机时代是支持个性化的。不仅支持，而且支持力度大得令人震惊。我们的手机 App 现在能推送定制内容，甚至能通过对使用偏好的分析推断一个人的收入状况，进而安排俗称“杀熟”的个性化价格。这是在工业时代不敢想象的事。新时代带来了新的可能性，真正的“因材施教”终于有望实现了。这不是件令人兴奋的事吗？然而，创新总是不易的。我们虽然知道个性化教育的重要性，可总是觉得“随大溜”才是安全的。问题是，变化并不会因为我们的犹豫而放慢脚步。

改变的尝试早就开始了。对新教育的尝试早已不是新鲜话题，各种流派提出了各种创新教育方案，试错也已进行了多年。在硅谷，既有像 AltSchool、Khan Lab School 这样基于技术创新的新教育学校，也有 High Tech High、Avenue School 这样基于教育理念革新的学校。[3] 国内也有一批创新学校应运而生，更有数量多得多的学校在现行教学活动中加入了创新的成分。大家都在思变，这也是现实。

在信息匮乏的时代，获取知识的难度极高，学校则是全社会知识浓度最高的地方，是追求知识的人毫无疑问应该投奔的地方。而现在，这个地方叫作“互联网”。人类社会的知识都在互联网上，数量和质量远远超过一个凡人的接受能力。就学习知识而言，这不就是最现成的路径吗？只要有好用的设备、能接入互联网，你现在就可以开始安排学习任意一门外语的课程。这一切，与你所在的位置没关系。疫情期间，全世界众多师生都接触了远程教育，这是技术提供可能性以后，第一次如此大规模地应用。

这当然并不意味着乡村教育问题就此解决了，也不意味着实体学校失去了存在的价值。当疫情缓解以后，学生们又纷纷回到学校上课，并不只是惯性使然。美国有个著名的在线教育网站“coursera.com”，开放给所有人注册学习，开设的课程来自很多世界一流大学最热门的科系，比如斯坦福大学的人工智能学科，且收费低廉，甚至免费。但是根据网站的数据，能够把课程坚持学完的学生还不到10%。这说明独自学习并不符合我们的习惯。在没有同伴的情况下坚持学习，对于大部分人来说都是件困难的事。这与去健身房健身相似。很多人明明花了不少钱办会员卡，但寥寥几次以后便不再继续，哪怕沉没成本已经产生，也选择了放弃。某份心理学报告对此是这么解释的：健身是很多人觉得不得不做又不那么喜欢做的事，付费购买会员卡是对“不得不做”的一个交代，而有过交代以后再放弃无非是承认失败，就没有太大困难了。不管信不信，“承认失败”在我们的生活中并不罕见。能够避免这种情况发生，或者至少降低发生概率的途径，是充分利用我们作为社会性动物的特性。如果有一个小团体结伴健身，或者组成学习小组一起学习，放弃就没那么容易了。

因此，仅仅有网上的教学资源是不够的，还要有在地的配合。在地学习小组的形态，未必如同一所实体学校。就像现在常说的“终身学习”，线上学习并不局限于学校课程，它可以涵盖一切需要学习的内容，所以也就适用于一切年龄段和一切领域。这就产生了一个有趣的推论：在一个多样性足够丰富的社区中，因为人际交往密切，会更容易产生共同需求而形成学习小组。以大理社区的情况看，事情正朝着这个方向发展。在大理，除了以学校为中心的新教育尝试十分踊跃之外，社区居民自发组织的学习小组也颇为活跃，其中，跳舞就是很受欢迎的学习项目。社区化学习和学校教育会不会走上一条融合之路？社区化学习能否吸收一些学校教育的方法论，避免太过松散随意，而保持学习的系统性？学校能否打开围墙、变得更开放，把社区的力量利用起来，进而把学校的多样性提升到前所未有的程度？这一切，是存在可能性的。

想象一下，如果生活在一个多姿多彩的社区，你的孩子和小伙伴们一起学习，知识既来自课本也来自互联网，在学校里有老师的带领，在社区中有邻居的指点，这种学习模式不好吗？需要澄清的一个误会是，“快乐学习”让很多人以为是“无痛学习”。实际上，不管是阅读还是计算，写作还是钢琴，只要是技能，就一定要经过“学习”，“学”和“习”——没有任何能力仅通过“学”就能获得，必须还要经过“习”。从生疏到熟练到高手的过程，是靠练习完成的。一万小时定律和“刻意练习”是有道理的。很难想象被认真对待的练习过程会是全然令人心情愉快的。拥有足够的热爱和动力，只是第一步，真正让一个人回想起自己童年时能说一句“我真的拥有过快乐童年”的，是因为有玩伴、不寂寞。面对面的同伴、游戏，是任何电子游戏和动画片都不能替代的。这也是由我们作为社会性动物的特性决定的。

未来的主人翁

我们能够提供给下一代的最好的生活，是现在的物质条件、过去的人情环境和面向未来的教育——如果这三者能相遇，便没有比这更好的了。

如何把孩子培养成一个能够勇敢面对未来的健康的人？“越多越好”派不假思索地默认，更好的学校、更好的老师、更好的学习条件是必要的，并且信心十足地认为，只要是用钱能买到的资源，补习班、学区房、夏令营……统统没问题。

国家在2021年出台的一系列针对教育产业的新举措，其背后的逻辑已甚为清晰——教育公平是社会公平的基础，绝不允许财富在其中扮演决定性因素。很多家长的第一反应是不知道该怎么办了。习惯了“不能赢在起跑线上就算输”的观念，在巨大的惯性之下，不知道还有其他的路可走，不知道自己的孩子还能不能更快地走向“成功的人生”。究其根本，还是价值观的问题。

中国家长心目中大都有一张大学“梦之队”名单，希望自己的孩子将来成为其中某所大学的学生。这张名单覆盖了中外名校，往往包括美国的常春藤盟校，外加斯坦福、伯克利之类的西海岸学府。近十年来，很多美国著名大学都在修订自己的入学标准，虽然不会明说，但种种迹象显示，其中不乏以遏制亚洲家长尤其是大量中国家长的高涨热情为目的的举措。[1] 我们对此往往怀着矛盾的心情：一方面觉得中国学子确实出色，如若不是入学比例过高，也不至于如此被针对；另一方面又觉得不公平，大家都是凭本事考试，为什么要改变标准、针对亚洲学生提升入学难度？

可想而知的是，每当藤校们改变标准，中国家长和以此为生的中介机构就千方百计地寻找机会、分析行情，变换着身段适应新变化，只为达到不变的目标——进藤校！进藤校！一个躲，一个追，各种博弈，不亦乐乎。

难道这真的不令人迷惑吗？这到底是为什么呢？藤校难道不想吸纳优秀学生吗？中国的学子不够优秀吗？很多

中国家长认定自己的职责就是把孩子送进大学，送进越好的大学，自己的责任就完成得越出色，而现在总是遇到障碍，不胜其烦。随着中国家庭越来越富裕，能够用在完成这项“职责”上的能力也越来越强，理所当然地带动了一个庞大的产业。在这个充满社会达尔文主义者的时代，世界好像本该就是这样运转的。直到大锤落下来，要把产业化的教育砸个粉碎。

当前局面可以如此概括：在中国，把教育当生意做的路正在一条条被堵死；在美国，藤校们似乎也在花各种心思想要躲开不择手段送孩子进名校的中国家长。世界似乎一下就变得陌生了。事实上，一切都不会是无缘无故的。整个教育产业面临如此巨大的冲击，可以看作是生态系统中的某些问题积累到了一定程度，然后爆发了。人类社会比自然生态更特殊的一点是，人类有预见力，不必等到后果完全显现且难以扭转以后才出手制止。我们可以从迹象预判后果，即刻着手干预。

看待世界有两种视角，个人视角和全局视角，有时候这两种视角会相互冲突。从个人视角看，教育产业中有明确的受益者：拥有更多资源的家庭必定会对自己的后代投入更多——有时候可以多到常人无法企及——以便为维护家族传承打下扎实的基础。这些拥有最好资源的孩子聚在一起，可以轻松地形成一个类似俱乐部形态的社会关系网络。他们甚至不用有意为之，环境和时间就能把他们联结在一起，他们只需要自然地置身其中即可。产业化的教育机构也是受益者。从学校到校外辅导机构，到留学中介，到为学生提供填报志愿的收费服务，形成了一个瓜分大蛋糕的产业生态。他们有充分的动机贩卖焦虑，营造紧张气氛，鼓励恶性竞争，因为这一切的结果都是有更多的家庭在他们身上花更多的钱。当“越多越好”思维模式占主流时，指望生意人自我约束是不现实的。任何服务于总目标的技巧和手段，这家不用，那家也会用。而且他们还理直气壮：社会责任感？那也得先活下来对吧？逻辑完美自洽。所以，当整个行业呈现出这样的态势，政府出手整治可以看作是因果链条中的一环。

对于这次下重手，已有不少专家学者从社会角度做过评述，论点主要集中在教育公平上。一个社会不可能完全公平，但这不能成为放弃追求公平的借口。我们只有在不断追求公平的过程中，才能保持最高程度的公平。同时，我们每个人都有要求公平的权利，且都要对获得公平抱以信心，不然社会稳定就会出现问题。人类对于公平问题极为敏感，敏感到我们都认为对一个人的不公，就是对所有人的威胁。教育公平事关千千万万家庭，事关社会基本稳定，怎能任由资本逐利？尤其是在这个出生率再次变成热门话题的当下，我们更应该从这个角度去审视一下这场风暴。

除了教育平权以外，还有一个因素同样事关重大，不过少有人提及。最热衷于投资教育的家庭，往往是“越多越好”价值观最热忱的信徒。虽不绝对，但绝大多数持这种信念的人，根本出发点都是自己。“越多越好”是一种尤为自我中心的价值观。在这种价值观的指引下，在这样的家庭启蒙下，孩子大概率会遵从和继承长辈的引导。“精致的利己主义者”很大程度上并非是一种选择，而是一个人在不能选择时被教化而形成的结果。这恰好就是常春藤学校力图避免招收的学生，也是很多中国家庭没有意识到的问题。

一所学校何以变成最好的学校？或者一所好学校何以沦落为二流学校？其中的关键性因素，是对待理想的态度。教育是一项充满理想主义的事业。人类最宝贵的财富，就是历经几千年所积累下来的知识。只要这些知识还在，文明哪怕遭受重创，我们也总有翻身的一日。因此，把我们最宝贵的财富传递给后代，传递给后代的后代，是人类义不容辞的职责。这件事，关乎全人类，应该是世间最纯净的事。

但哪怕是再好的学校，再"纯粹"的教育机构，都必然存在能力问题。校园就那么大，教室就那么多，教育资源有限，能接纳的学生数量总有极限，因而不得不对申请者进行挑选。既然要挑选，自然就要设定标准和门槛，于是就创造出了各种选择标准和判别手段：标准化考试、推荐信、所获荣誉……他们希望能找到年轻一代中最优秀的代表，今天从前辈手中接过接力棒，明天再出色地传递下去，还能在这个过程中为人类创造新知。什么样的人能出色完成这个职责？聪明、善于学习、成绩优异，当然是必需的素质，但也只是基础。中国家长太执迷于成绩这项标准，以为孩子有了成绩就足够了，而忽略了其他素质的培养。或者，干脆以为成绩以外的东西，都是"假大空"的，不值得当真。但那恰恰是真的。最好的学校在寻找的最优秀年轻人，除了优异的学习成绩以外，还需具备一个特质——拥有超越个人的理想和抱负，愿意投身于高于自己的伟大目标。“越多越好”的问题在于，一切出发点都是自我，一切目标都是个人利益的最大化，一切手段都服务于自己。“有远大抱负”是可以装出来的，这极大地提升了名校挑选学生时的鉴别难度，也是造成标准不断修订的真正原因。

很多家长正在培养与社会需求错位的孩子，不曾认识到“超越自己”才能实现一个人真正的最大潜能。历史上无数先辈的人生经历早已证明，总是那些保持着坚定信念、对自己从事的事业充满热爱的人，遇到挫折时才能展现出一往无前的韧性和坚定，以常人无法想象的耐受力和意志力，创造出一个个奇迹，推动着人类一步步走到自己都不敢想象的今天。社会回馈他们的荣誉和金钱，并非他们追求的目标。这又是个“目标与结果”之争，其背后，是不同的价值观。

这就好比带有两种不同动力系统的人，一种是燃油的，一种是核燃料的。我们不能选择自己的出身，很难拥有跨越阶级和生存环境的资源——不同出身的人，先天条件或许有着天壤之别——但我们可以决定自己的动力来源。理解“热爱”在人生中扮演的特殊角色，一辈子追逐自己热爱的生活，是对自己最好的关照。

身为父母所能做的，是降低孩子寻找到自己真心所爱的难度。比如，从停止调侃孩子的“3 分钟热度”开始。每个孩子都对世界充满强烈的好奇，据统计，他们在 4 ～ 6 岁，平均会问 4 万个“这是什么”“这是为什么”。这是他们在拼凑世界的轮廓和形状，试图看到一个他们所认为的全景。过了这个阶段，提问的数量会急剧下降——他们的“世界 1.0 版本”已经基本形成。此后，孩子们的好奇心能否受到鼓励，会在很大程度上影响他们认知水准的晋级。“3 分钟热度”是他们在好奇心驱使下的探索和尝试，是对新鲜事物的反应，并不一定代表着真正的喜欢，虽然看起来很像。大部分情况下，当新鲜感褪去，他们的注意力便转移到了别处。幸运的话，他们会在特定的一些事情上表现出持续的好奇心，向大人提出很多问题，且大人给予的答案并不是他们好奇心的终点，反而会引来更多的问题。这种情况通常是因为孩子们对特定的主题产生了兴趣。兴趣激发他们持续探索，持续探索使得他们在自己的领域保持领先，领先带来正反馈，为他们的持续探究带来源源不断的动力。探究的过程，就是一步步向人类知识边界靠近的过程，只要走得足够长远，遇到困难和挑战是迟早的事。面对困难和挑战时能否坚持，在挫败和自我怀疑中能否保持始终向前的勇气，定义了是否“热爱”。卡内基·梅隆大学的兰迪·波许（Randy Pausch）博士在身患绝症后的告别演讲中，掷地有声地告诉学生们：困难不是来阻碍我们的，困难是来阻碍那些不够热爱的人的！

找到自己的真心所爱，是发生在每个人身上最好的事。这就是为什么让一个孩子保持好奇心是那么重要——没有人知道哪次好奇会演变成一生的热爱。这也是为什么让孩子们生活在一个足够多元的友善社区中是那么重要——没有人知道他遇到的哪个人会成为一生的领路人。我们都是沿着前辈的火炬和灯塔所指明的方向前进的，一代代人奋力向前，勇敢闯进智慧和文明的光芒照耀不到的暗夜中，让自己成为火炬和灯塔，为后来者指明方向。

这对于当下的我们尤为重要。我们正经历的大变局前所未有，从气候危机到元宇宙，这一切不仅已经接近了我们认知的边缘，甚至已经接近了我们想象的边缘。我们从来没有掌握过这么多的知识，从来没有拥有过这么强大的能力，却也从来不曾对未来如此没有把握。教育要对未来负责，依靠现行的方式难以胜任，因而教育变革在各个国家、各个层级相继开始，这正可以看作是生态系统对不适做出的反应。每当时代更替之际，都是拼适应速度和演化速度的时刻。我们从来没有对创新的需求这么迫切过。

DNA

创新真相

为什么硅谷
不在纽约边上？

小镇生活中
更为密切的人际关系，
是硅谷成为创新中心
尤为重要，
却在很大程度上
被忽视的一股力量。

不是每个小镇都能
成为硅谷，
但如果不是在
小镇和乡村的环境中，
硅谷很有可能成不了气候。

创新即未来

我们正在跨时代。

从工业时代进入信息时代，就是跨时代。我们面对的未来不能依照过去的惯性和常理推测，曾经的天经地义，如今分崩离析，而明天更是从未如此扑朔迷离。在这个充满了未知的时代，我们对自己的孩子到底应该抱有怎样的期待？我们到底希望他们怎样成长、拥有什么样的人生？

回看历史，人类的变化是极为缓慢的。旧石器时代没有文字，却占据了人类历史最长的一段时间；新石器时代，农耕开始，催生了文明；工业革命短短200年，掀起了天翻地覆的变化，把世界改造成了我们熟悉的样子；计算机革命几十年，创造了一次超越工业时代的惊涛骇浪，深刻地改变了我们的生活方式，并且改变仍在继续。在一切的不确定当中，有一件事是确定的：文明的脚步正在加速，高速变化已成常态。

2020年，雷军在一次直播带货中顺带展示了小米位于北京亦庄的智能工厂。这座建筑面积近2万平方米的工厂，实现了全厂生产管理过程、机械加工过程和包装储运过程的全自动化，在不需要日常的人工干预下可以年产100万台手机。因为没有人了，所以不需要照明，因而这样的智能工厂也被称为“黑灯工厂”。当“河南中烟”还在招募研究生生产操作员时，智能化生产干脆把那些岗位取消了。小米“黑灯工厂”并非个案或特例，而是趋势。现在，阿里巴巴“菜鸟”和京东都拥有无人仓，富士康的10条“熄灯生产线”上有4万台工业机器人，上海洋山港四期据说只需要19名员工，人工智能和5G技术的合作之下，制造业和互联网的边界越来越模糊，通向新世界的一扇扇大门渐次打开。

当我们还浸淫在“学以致用”的祖训中时，世界正以越来越响亮的声调提醒大家，是时候重新定义什么是“学以致用”的“用”了。“为什么学习”这个问题在过去是不言而喻的，而现在我们必须要重新思考了。

这个问题可以从两个视角来审视。从人类视角看，毫无疑问，知识是人类最宝贵的财富，人类作为物种的存续并保持食物链顶端的地位，正有赖于此。因而，学习知识是一代代人的天然使命，也唯有掌握了知识，我们才能更向前一步，不断前进。这样的传承永不能中断，教授和学习知识是文明存续的必需要素。

从个人视角看，或许不用思考得那么长远，但是也必须思考一个过往年代不存在的问题：在人工智能时代，个人存在的价值是什么，以及一个情感上很难接受，却在逻辑上不能排除的可能性：假设找不到价值，该如何自处？

当人工智能气势汹汹地在大数据中开启识别模式，一点点渗透原本不可能离开人工操作的领域，那些简单重复甚至复杂重复的工作，正在被人工智能取代。

2016 年，索尼推出了一首单曲 *Daddy's Car*[1]，前奏一起就立刻让人沉浸在了披头士乐队的特有风格中——这是在披头士乐队解散了 46 年以后。这首歌的特别之处在于，它的编曲是由索尼的人工智能系统“Flow Machines”完成的。这个系统学习了 1.3 万份不同风格的乐谱样本，能够依照不同风格编曲。同年，索尼位于巴黎的计算机科学实验室开发的“DeepBach”（深度巴赫）神经网络，创作出一批巴赫风格的作品，在 400 多位音乐家和音乐系学生中的测试结果显示，超过一半的人听不出来是人工智能所为。[2] 根据人工智能的学习能力和效率，我们大概很快就能看到由人工智能一手操办的电影和游戏了。这还只是在“弱人工智能”阶段。这就是我们的孩子将迎接的未来。

早在 2013 年，剑桥大学研究者 Michael Osborne 和 Carl Frey 就系统分析了不同职业在未来所受到的威胁程度，得出的数据是 47% 的工作面临险境。[3] 他们的研究数据被广泛引用，李开复多次在不同场合表示 15 年内人工智能会取代 45% ～ 50% 的工作岗位，依据即来源于此。不过，BBC 在对他们的工作成果进行了再分析后，得出一个尚算留有一线希望的结论：如果一份工作更仰赖于与人打交道的能力，更需要创意和审美，则被取代的可能性较低。而这些恰恰都不是现在学校体系的正式科目。

为满足工业革命时代需求而设计的学习内容是有重要性排序的，理科、工科和医科毫无疑问是更为重要和关键的专业，艺术差不多垫底，与人打交道的能力则根本不包含在学校教授的内容里。人工智能时代应学习什么内容尚未形成定论，但幸运的是，创意和审美、与人相处的能力，恰好是生活在一个足够多元化的社区中可能得以弥补的。

生活在有朋友、邻居的环境里，相对于成年人，对孩子而言可能更重要。孩子无法选择自己的生活环境，他们只能顺从监护人的意志。在被选定的环境中，他们可能根本就不知道还存在其他选项。他们的生活是被安排的，因而往往会出现这样的情况：经历过物质匮乏时代的父母更关心孩子的物质生活，因为那是自己成长过程中缺失的部分；但对于需要朋友和玩伴这件事，则往往重视度不够，因为朋友和玩伴并非自己小时候的稀缺资源，所以也就不觉得有多要紧。不巧的是，很多孩子现在都生活在邻里关系不曾建立起来的社区中，在公共游乐区交到朋友的机会不多，去别的小朋友家串门的机会更少。如果孩子们觉得无聊，塞给他们一个手机或 iPad 便是“解决方案”。更不巧的是，很多中国孩子都没有兄弟姐妹。

在一个缺乏社交的环境中成长起来的孩子，指望他走入社会以后谈吐得体、善于交流、面对几百人演讲毫无障碍，未免有点超越现实。童年的玩伴，作用并非打发时间那么简单，他们身负一个重要职责：帮助彼此成长。孩子们之间自发的群体游戏涉及复杂的社交技能，他们通过不断重复练习而获得与人沟通、交流、博弈、合作的能力，并在这一过程中观察、试探、调整，逐渐习得与人相处的能力。

吵吵闹闹哭一场、几分钟就能和好的年纪，是最适合发展和内化社交能力的阶段。孩子们越长大越矜持，有些人甚至就缩回自己的小世界里不出来了。社交恐惧人人都有，但凡与人打交道，就有受伤的可能，但因为怕受伤而不与人打交道，伤势往往更重。

学会理解人性的唯一方法，就是混迹在人群中，与他人足够接近、交往足够深、相处时间足够长。这样一来，我们必然会对他人产生情感（我们身为人类的“算法”使然），进而理解人性。根据人工智能专家们的说法，这在将来会成为胜任工作的基本能力。

同时，很少有人意识到，生活在一个多元化的社区，对培养创意和审美能力也有巨大的帮助。长久以来，创新能力被人们视为一种天赋，有便是有，没有也不能强求。但渐渐地，随着对创新思维越来越多的整理和总结，我们发现创新本身也是有迹可循，因而也是可以学习的。近几十年来，层出不穷的创新理论提供了各种提升创新能力的工具和思维方式。公平地讲，虽然其中鱼龙混杂，但确也有一些方法是行之有效的。

创新的方法论很重要，另类思维很重要。学会在思考中走少有人走的路，常常要悖逆常规，挑战思维的边界，强迫懒惰的大脑摆脱默认的“理所当然”。我们的思维喜欢停留在舒适区内，对于进入陌生领域有本能的抵触。但我们可以用方法来对抗抵触。比如，思维导图便能让人看到大脑不肯去触碰的区域在哪里，这个区域里即有可能出现此前想不到的解决方案，这就是利用方法和工具去激活大脑的盲区。令人欣慰的是，方法论和工具是相对容易掌握的——只要肯学。

比方法的习得和运用更难的是“储备”。创新史上，真正的“尤里卡时刻”极为罕见。阿基米德在浴缸里灵光一闪，突然想明白了通过浮力就能验证王冠是否为纯金，兴奋得跳起来跑到街上裸奔，高呼:“尤里卡！尤里卡！”（“我找到了！我发现了！”）这一刻被称为“尤里卡时刻”。在阿基米德这个案例中，他看到水的溢出，感受到身体沉入浴缸时的浮力，从而想清楚了一件事：同等质量、不同密度的物体定然体积不同，不同体积的物体排开的水量定然不同，那么王冠是不是纯金的，就定然能被检测出来了。仔细分析，即使是这个举世公认的“灵光一闪”，如果阿基米德的知识体系中不包括“同等质量、不同密度的物体定然体积不同”这个知识点，他便无从找到答案。所有的创新都依赖知识储备，概莫能外。

神奇的是，地球生命的进化史可以极为贴切地说明创新是怎么回事。根据最令人信服的地球生命诞生假说，地球上最原始的生命一定发生在水中（科学家们称之为“原始汤”），是一大堆化学元素在流动中经过无数次的相互碰撞，又受到某些偶然因素的扰动，在极为巧合的情形下发生反应，从而产生了有机物如蛋白质，为以后产生单细胞生物做好了准备。细胞壁就是由蛋白质构成的。从有机物到单细胞生物，从单细胞生物到我们，这是一步都不能少的漫长进化过程，每一步演进都依托于当时的环境和已具备的条件才能实现，绝无可能凭空跳跃式发展——“原始汤”里无论发生多么不可思议的碰撞，都不可能从中直接飞出一只鸟来。所谓创新，无论是文化上的，抑或是科学上的，都遵循这个原理。

生命进化史与技术进化史同理，层层叠叠。创新基本上可以解释为已知元素的重新排列组合，因为我们不可能运用自己不知道的知识作为创新的元素。那么，一个人的知识储备有多宽广、多深厚，也就决定了其创新能力的强弱。这充分说明了为什么要多看“闲书”，以及为什么多与人打交道尤为重要。它们是打破“信息茧房”最好的途径。

主动突破舒适区需要我们认知清晰、下定决心，还要时不时主动提醒自己。而在由熟人社会创造的被动信息环境中，大家一起承担了相互打扫信息盲区的任务。而且，熟人社区越是多元化，则其成员突破“茧房”的机会也就越多。

多元化的社区就是创意的“原始汤”。“养育一个孩子需要一个村庄”，也能由此得到印证。

硅谷传奇

在美国，“婴儿潮”一词通常用来特指二战以后人口迅速增长的一个时期，大约是1946年到1964年之间，在此期间大约有7830万美国人出生。

他几乎正好出生在婴儿潮正中间的1955年，出生地点是旧金山。很久很久以后他才知道，自己的生父母一个来自天主教家庭，另一个是穆斯林，因而尽管生下了他却不能在生活一起，无奈之下只好把他送给别人。他因此而被保罗·乔布斯收养，并被带回了洛斯阿图斯（Los Altos），取名为史蒂夫·乔布斯。

在寻找收养家庭的过程中还发生过一个小插曲：他的生母一再强调希望孩子能够被一个受过高等教育的家庭抚养，但等到法律手续几近完成时大家才发现，保罗一家并不符合这一条件，而这时候撤回领养手续已经太晚了。最后保罗向送养的那对年轻人郑重承诺，一定会送这个孩子上大学。保罗当时肯定没想到，为了信守这个承诺，在十几年以后他会因此备受这个叛逆养子的折磨。

史蒂夫·乔布斯来到洛斯阿图斯小镇的时候，这里才刚刚起步。1952 年因为当地居民不希望被划入邻近的帕洛阿尔托和山景城，才有了行政意义上的洛斯阿图斯市镇，同年 12 月 1 日该市成为圣克拉拉县的第 11 个城市。2010 年人口普查显示，这座小城的居民数是 28976 人。这就是史蒂夫·乔布斯成长的地方。1976 年，21 岁的他和伙伴沃兹尼亚克在位于克里斯特路 2066 号的自家车库里成立了苹果电脑公司。

毫无疑问，史蒂夫·乔布斯是这个时代的传奇。与同时代的另一个传奇比尔·盖茨相比，乔布斯受到了美国人民更多的爱戴——一个是连生身父母是谁都不知道的邻家男孩，一个是含着银汤匙出生的有钱人家小孩，二者都成了一代叱咤风云的人物，你会更喜欢谁？关于比尔·盖茨是怎么炼成的，有很多线索可寻。他家境优渥，父母经营着西雅图一家知名的律师事务所，自己又聪明好学，入读的是全美顶级的学校湖滨中学。湖滨中学拥有一套当时极罕见的计算机，这使得他成为一代人当中最早接触软件编程的幸运儿；喜欢上了编程以后，因为恰好住在华盛顿大学附近，又发现每天半夜是大学计算机房的空闲时段，从而得到了宝贵的上机时间，一步步成为那个时代最优秀的程序员。最后，是他母亲亲自向时任 IBM 总裁约翰·欧佩尔（John R. Opel）推荐了儿子初创的微软公司，将比尔的人生引上了一条通向首富的康庄大道。

那么，史蒂夫·乔布斯有什么？他的养父只是小镇里的一名汽车维修工，时不时需要买进一辆故障二手车，修好后再出售以补贴家用。他的养父做梦也想不到，儿子有幸参与的一场“造富运动”，使得有一天他的房子坐落在了全美地价最高的区域。洛斯阿图斯所在的位置，恰好就是后来令全世界人耳熟能详的“硅谷”核心地带。史蒂夫·乔布斯被养父母领到洛斯阿图斯的时候，还没有“硅谷”这个词。“硅”这个元素在一年以后，也就是 1956 年，才被硅晶体管发明人之一、诺贝尔物理学奖获得者威廉·肖克利带到此地。作为全美最著名科学家之一的肖克利，还有一个显著的特性，就是坏脾气，他多少是因为自己的脾气而离开了就职多年的、位于东海岸的贝尔实验室，来到如今硅谷中心地带的山景城，开办了肖克利半导体实验室。他把实验室开办在这里，唯一的原因是这里是他的老家，肖克利希望能离年迈的母亲近一点。因为他，“硅”首次来到了硅谷。

山景城也是一座小镇，2010 年统计的人口数是 74 066 人，是洛斯阿图斯的 2 倍多。肖克利实验室距离史蒂夫车行不到 10 公里。闻名遐迩的斯坦福大学，就在这一带。这所学校素有打破传统的风格。就在乔布斯出生前 4 年的 1951 年，斯坦福大学的传奇教务长弗雷德里克·埃蒙斯·特曼（Frederick Emmons Terman）做了一件东海岸的一流大学如哈佛和麻省理工不会也不屑做的事情：把一部分校产拿出来鼓励学生和教授们办企业，创办了世界上第一个大学产业园。大学主动打破围墙、走出象牙塔的创举影响之深远，使得特曼教授后来与威廉·肖克利并称“硅谷之父”。斯坦福大学距离乔布斯家约 18 公里，开车仅需 15 分钟。那里不是大城市，一般不会堵车。

虽然乔布斯家境不宽裕，却遇到了两件极为幸运的事：一是他正好成长在电脑发展的一个特殊阶段。太早的话，电脑太贵太笨重，很难想象会与这个机修工的孩子产生什么关联；太晚的话，又太成规模、成体系，个体很难再有机会在其中发挥关键作用。他正好成长在一个窗口时期，又适时地抓住了机会。美国一众计算机产业巨鳄都出生在那几年之间，并非偶然。

另一件幸运的事便是，乔布斯被养父母带到了未来硅谷的中心，生活在一个好社区。

若把硅谷的著名科技企业罗列一遍，会是一张长长的名单，但如果把其中的传奇企业挑选出来单独罗列，名单则会大大缩短。在这张传奇公司清单当中，无论从哪个角度讲，都会有惠普（HP）公司的名字。惠普才是第一家在车库里诞生的知名企业，两位创始人都是斯坦福大学毕业生，创业的那间车库就在校门外不远处。惠普一路上以不拘一格著称，开创了许多影响广泛的先例。比如，惠普是第一家鼓励员工穿休闲服上班的企业，是第一个给员工以期权的公司，也是“财富 20”级别企业中第一个任用女性为 CEO 的公司。乔布斯所在的社区里有很多惠普的工程师，所以他自小就有机会参加惠普工程师们组织的夜谈节目，还曾经打电话给惠普创始人之一比尔 · 休利特（Bill Hewlett，即 HP 的“H”），只为讨要一些电脑配件，却因此得到了一份惠普电脑装配车间里的暑期工作。苹果的另一位创始人斯蒂芬·沃兹尼亚克也曾是一名忠心耿耿的惠普员工。实际上，APPLE-1 电脑就是沃兹尼亚克在惠普工作期间设计开发的，并且他当时没有一丝想与乔布斯合作的念头，一心一意要把自己的工作成果奉献给惠普，是在遭到了五次拒绝以后才改变主意，因此才有了苹果电脑。

然而，即便成长在这种环境里，乔布斯也没有成为一个电脑工程师或者程序员。他一心一意想要成为一名艺术家。他执着地选择了全美最昂贵的私立学校里德学院，把一生勤勤恳恳、信守承诺的养父逼得喘不过气。辍学后回到老家，他与沃兹尼亚克一起创办了苹果公司，最终凭借自己的审美和创新能力，改变了整个行业的面貌。很难想象，像乔布斯这样的人如果没有生长在硅谷，会与电脑行业产生什么关联。他是最应该感谢硅谷的人。

事实上，“硅谷”只是一个流传得太过广泛的别称，完全掩盖了“圣克拉拉谷”这个本名。硅谷所属的行政区域是圣塔克拉拉县，位于加利福尼亚州北部、旧金山湾区南部，硅谷核心区主要是该县下属的帕罗奥图市到县府圣何塞市一段长约 40 公里的谷地（这也充分说明了这里不是城市——城市里哪会有“谷”这样的地名）。世界级的高科技企业云集在这里，这让硅谷成了“创新”的代名词。我们对于硅谷的名声听闻已久，又不断听说国内的一个又一个城市要做“中国硅谷”，却在很大程度上忽视了硅谷所在的位置其实并非真正意义上的城市地带。

如果请来一群专家人为规划一个硅谷，通常会怎么做？大概首先会从创新产业的需求上去寻找线索。比如，创新产业需要人才，那么波士顿可能更合适，因为那里有哈佛大学和麻省理工学院；创新需要大量的资金支持，那么纽约一带或许可以考虑，因为那里有华尔街，全美国的银行家都出没于此；创新需要制造业支持，那么匹兹堡或底特律则可以入选，因为那是美钢和汽车巨头的据点。然而，美国的顶尖创新集群并没有在东海岸或五大湖地区孕育出来，取而代之的是西部阳光明媚的加州，但既不在旧金山，也不在洛杉矶那样的大城市，居然机缘巧合之下，在一片乡野落地生根了。

在硅谷被称为硅谷之前，如果去探寻从什么时候、由于什么原因这里开始与一般的乡村分道扬镳，那么应当从斯坦福大学的设立说起。一所大学的设立，带来了一群教书人和读书人，给这里的生活注入了不一样的色彩。但是在开始的几十年，斯坦福的学生与别处的大学生一样，从学校毕业以后，背起包就四散去找工作了，并没有想要继续留在学校附近。扭转这种情况的，是热心鼓励师生们创业的特曼教务长。1939 年，两位斯坦福毕业生在他的鼓励之下，开办了一家在日后发挥重大影响的企业——惠普公司。12 年以后的 1951 年，特曼开创性地想到设立大学产业园，并非是一时冲动，而是出于他一贯热心鼓励创业的理念。特曼教务长的耕耘获得了丰硕的成果，围绕着校园的“斯坦福系”企业越来越多，也越来越茁壮，终于开枝散叶。它们中，很多长成了世界级巨鳄——惠普、耐克、Gap、罗技、英伟达、字母表、谷歌、领英、PayPal、雅虎、网飞、Instagram、罗宾汉、台积电、优酷、知乎……这张名单简直无穷无尽。这里列举的还只是知名度较高的一部分企业。

硅谷的另一系企业发源于肖克利实验室。作为一位情商堪忧的科学家，威廉·肖克利原本因为处理不好同事关系而离开贝尔实验室，现在自己当家做主了，则脾气更上层楼，结果在实验室的科学家中间酿成了一次集体造反事件。

这次“造反事件”在硅谷历史上非同小可。1957 年，八位在肖克利实验室工作的出色科学家，因忍受不了肖克利专断的管理风格而集体辞职，转而成立了一家日后对硅谷的科技创新发展意义重大的企业“仙童半导体公司”。仅仅用了三年时间，仙童半导体就迅速跻身半导体产业领军企业行列。1960—1965 年，仙童半导体一直保持着行业翘楚地位，继而迎来了又一次分裂。这次不再是“八叛将”集体行动，而是大家分头单兵作战或组团出击，裂变成了若干家新公司，其中就包括赫赫有名的英特尔和 AMD 半导体。其中，离开仙童而创办了英特尔的“八叛将”之一高登·摩尔，创造了大家耳熟能详的“摩尔定律”。原本系出同源的英特尔和 AMD 两家企业在半导体产业厮杀缠斗了半个世纪，一起推动了整个行业的进步。据统计，截至 2013 年，由仙童直接或间接衍生出的公司为 92 家。[1]

硅谷最神奇的地方，就是形成了一锅创新的“原始汤”，各种元素在其中频繁碰撞、生长、分裂，进行各种排列组合，推动了整个行业的快速发展。这锅“汤”所散发出的魅力，吸引着各种资源向这里靠拢，资本、人才在这里会聚，就连远在东海岸的哈佛校园里发端的“脸书”都不远千里赶来，大家共同成就了一片不可思议的传奇乡村。

小城故事多

为什么一所大学会落脚在一片乡村里呢？这件事似乎不易理解。在中国，向来存在城乡两极化的差异，城市繁荣，乡村落后。只有在抗战时期，由于国土遭受大规模入侵，才有了把学校安顿到乡村的情况。

美国与我们的不一样之处，在于他们的小镇文化。英国人在北美开辟殖民地的过程中，有两件值得记录的事。一是弗吉尼亚公司在1607年建立了第一个永久性殖民地，取名为詹姆斯镇。这是英国在北美的第一个据点，位于现在的弗吉尼亚州——这个州正是因为这家公司而得名。另一件事则与那条著名的“五月花号”帆船有关。“五月花号”当初停靠在距离波士顿不远的鳕鱼角，但是移民们并没有就地安顿，而是沿着海湾走了一段不算短的距离，才选中一个地方开始建房，并给那里取了一个直接从英国移植过来的名字——普利茅斯。不久，来到这片广袤土地上的人们就开始了对新大陆的探索，而没有在已经立足的地方继续建设家园。而今，詹姆斯镇已经消亡，只剩下一个纪念性景点；普利茅斯倒是还在，以不到 6 万人口的规模，位居马萨诸塞州人口排名的第 21 位。马萨诸塞州排名第一的城市是波士顿，70 万人。

美国的城市规模远没有我们想象中大。美国人似乎不善于建设大城市，或是不愿意在大城市里生活。全美人口过百万的城市总共只有 10 个，榜首是遥遥领先的纽约，不到 900 万人口；第二名人数砍半，400 万人口的洛杉矶；第三名、第四名是人口 200 多万的芝加哥、休斯敦。这就是美国人口过 200 万的全部 4 座城市。相比之下，中国是 43 座。十大美国城市中，其余 6 座人口均超过 100 万，位于硅谷南部的圣何塞位列最后。而中国超过 100 万人口的城市总共 93 座。此外，令我们难以想象的是，在那些名气大的美国城市中，旧金山 88 万人，丹佛 79 万人，首都华盛顿特区 70 万人，亚特兰大 50 万人，新奥尔良 40 万人，拉斯维加斯 65 万人，水牛城 25 万人，辛辛那提 30 万人，波特兰 66 万人，匹兹堡 30 万人，孟菲斯 65 万人，盐湖城 20 万人，小石城 19 万人，西雅图 75 万人，密尔沃基 59 万人。需要解释一下的是，美国虽然也有“市”和“镇”的称呼，但二者间可以看作没有根本上的不同，因为大部分市在人口规模和地域面积上与镇相差无几，行政级别也一样。以中国的城市人口标准来看，美国人其实大多生活在“小镇”里。在美国，小镇青年去纽约、洛杉矶那样的大城市追逐梦想，和在自己出生、成长的小镇里继续生活，都是理所当然的人生选择，并不存在一面倒的优劣差异。斯坦福毕业生在校门口的小镇里创业或者找份工作安顿下来，也就不难理解了。

小镇生活中更为密切的人际关系，是硅谷成为创新中心尤为重要、却在很大程度上被忽视的一股力量。不是每个小镇都能成为硅谷，但如果不是在小镇和乡村的环境中，硅谷则很有可能成不了气候。《重新定义公司：谷歌是如何运营的》一书中提到这样一件事：德高望重的思科公司首席执行官约翰·钱伯斯曾说，20 世纪 90 年代初期，他经常与惠普公司首席执行官卢·普拉特会面，探讨战略和管理问题。有一次，钱伯斯不无赞叹地问普拉特为什么要花这么多宝贵的时间帮助另一家公司的一位年轻高管。普拉特先生回答道:“这就是硅谷。我们就是来帮你的。”——这完全不是我们惯常以为的你死我活、尔虞我诈的商业逻辑，而更像是邻居和朋友之间的关系。很大程度上，硅谷确实就是如此。

小地方的半径特性在硅谷发挥着独特的作用。比如，如果有几个生活在硅谷的朋友想聚在一起讨论创业，那么他们可能只有数量有限的咖啡馆可以选择。在咖啡馆里，他们大概率会发现隔壁坐着谷歌或脸书的朋友，因为大家的选择都是有限的，不像在大都市中有数百家咖啡馆可供挑选。相比于大都市，小地方更容易发生“社会性偶遇”。也许就在某次热烈的讨论中，某位创业参与者发现有位投资人朋友也同在咖啡馆，于是就会征询大家意见，把他请过来聊聊。风险投资是硅谷的创新生态圈中非常重要的组成部分。赫赫有名的红杉资本 1972 年诞生于门洛帕克（Menlo Park），就在斯坦福大学边上。除了红杉资本，拥有 3 万居民的门洛帕克还是谷歌的创始地，现在是脸书总部的所在地。这个小镇的沙丘路上，现在挤满了大大小小的风险投资公司。寻找有潜力的初创企业向来是风投公司的本业，大家都在比拼谁的嗅觉更灵敏，希望像红杉资本一样发掘出下一个苹果、谷歌、YouTube、PayPal、思科系统、甲骨文公司、WhatsApp 和领英。假如某个创新小团队的故事足够打动人，也许投资人一个电话就能把住在附近的某律师行合伙人喊来坐坐。在硅谷，还有一类专门帮助初创公司打理法律和财务问题、协助这些公司上市的律所，这类律所用自己的免费劳动来换取股份。可能就在一个小咖啡馆里，一场关于创业的聊天就决定了一家公司的诞生。接下来，大概就是大家换个地方喝酒去了。

假设一年以后，就像大部分初创企业一样，新公司遇到了各种各样的问题而难以为继，几位创始人决定解散公司、分道扬镳。然后，这些创新产业的活跃分子可能各自进了不同的公司，重启自己的职业生涯，顺便也把原先的创意带到了不同的企业。硅谷创造的两件了不起的事情是，那里有一个液态的信息流动环境，还有一个包容失败的氛围。失败，在硅谷不是件丢人的事，相反还是一段颇有价值的履历。一个失败过的人，意味着他是尝试过的人，也是有面对失败经验的人。很大程度上，从未失败只能说明没有冒险的勇气。或许可以这样说，在硅谷的主流文化中，没有失败，只有学习。

而所谓“液态信息环境”，可以想象为信息的“原始汤”。信息的流动和传播形态可以用物质的三态来比喻。不知道你是否有过这样的经验，在斑马线前等红灯时你百无聊赖，脑子里忽然蹦出来一个好想法，也许是个好笑的梗，也许是个有趣的点子。这时候忽然变了绿灯，你的注意力马上又转移到眼前的事情，急匆匆地过马路，结果当走到街对面，刚才的那个想法消失了，想不起来了。这就像是“汽化”——信息还来不及记录下来、来不及备忘，就消失了。固态的信息形态，典型场景是科室里的领导发话，刚才说的那段话不许外传，尤其是不能让隔壁科室的人听到。这样一来，两个科室就像两块石头，就算挨得再近，也不会有信息交流。而唯有在液态环境中，才会有这样的情景：今天上午你喝咖啡时与人聊起的想法，中午吃饭时被传给了第三个人，下午开会时，就已被他引用在了 PPT 里，与会者听到了，其中两个人对此格外感兴趣，开始打听这个想法的来源……信息在流动，在与别的信息碰撞，也许一万次碰撞都无疾而终，但在第一万零一次，火花点燃了，可能就引燃了一场绚烂的烟火。

这就是硅谷在过去超过半个世纪的时间里不断重复着的模式。如《硅谷生态圈：创新的雨林法则》一书所言："即使今天搬到硅谷去的人还会对许多事情感到惊讶：陌生人聊天时的放松，等级制度概念的缺乏，对分享信息和想法的开放，对合作的乐意，对错误的包容，以及新想法被理解和采纳的快节奏风格。"——这就是小镇生活创造的可能性。

其实，在遍及全美的小镇中，取得卓越成就的不止硅谷。

在明尼苏达州，有个人口数量为 4.9 万的小城，叫圣路易斯帕克。圣路易斯帕克离明尼阿波利斯不远，算是个郊区镇。二战后的明尼阿波利斯仍然排犹情绪强烈，很多居民不愿租房给犹太人。圣路易斯帕克则不然：本着开放的态度，圣路易斯帕克小镇接纳了很多在别处碰了钉子的犹太人，形成了一个犹太聚居区。搬来的当然也不仅是犹太人——既然开放，就是对所有人都开放——很多来自斯堪的纳维亚的移民家庭也移居到了这里。这使小镇形成了一种格外包容的文化——移居者本就是因为被人排斥而到这里来，对排斥特别敏感，因而也不愿以那样的态度示人。至此，多元和包容便成了圣路易斯帕克的底色，贯穿于这座小镇的行政、教育、医疗及日常生活的方方面面。

工作简史

现代办公形态
发源于
17 世纪伦敦的咖啡馆。

历经 300 多年的演变，
有一群人又回到了
类似咖啡馆的环境中办公。

这是一个轮回。
我们中的一部分人，
又回归到了最初。

我们这样工作

2020年春节，一场新冠肺炎疫情席卷全球，其影响波及每一个人，势必将成为这代人的集体记忆。疫情期间，学生们开始接受远程授课，众多企业也第一次深入学习了如何使用网络工具沟通和协同作业，奋力在艰难时刻将工作进行下去。这段时间，我们共同亲历了一次人类工作形态的演化。

现在我们所熟悉的办公形态，在中国历史上与之较为接近的雏形大概是“衙门”。政府作为最主要的雇主，为了管理方便而发展出不少规章制度，其中有些便与工作形态有关。现在我们可以查阅到各个朝代在衙门里为官或者当差的俸禄大约是多少，多久能休息一天，节假日是如何安排的。虽然彼时的情况与我们今天大相径庭，但这一切终归还是有规章可循的。比如，至今我们还在使用的一个词“点卯”，指的就是卯时点名签到，相当于打卡上班。卯时是每日清早 5 点到 7 点。明朝的早朝则更早，凌晨 3 点寅时开始，以现代人的作息来看，简直不可思议。虽然各个朝代的情况有所不同，但中国的官府向来有集中办公议事的传统。

在西方，办公场所的雏形据说是佛罗伦萨乌菲兹美术馆的前身。这栋建筑始建于 1560 年，起初是作为市政司法机构的办公室建造的。乌菲兹（Uffizi），就是意大利语“办公室”的音译。由此可见，西方办公场所的诞生，也与政府的办公需求有关。

商业办公模式的发端，有清晰记载的是在一个多世纪以后的伦敦。17 世纪中叶，伦敦出现了最早的咖啡馆，接下来的后半个世纪中，咖啡馆的发展迎来了爆发期。从一开始，咖啡馆就不只是喝咖啡的地方，就像小酒馆也不只是供人喝酒的场所。当咖啡馆从阿拉伯地区传到欧洲、传入英国，人们发现这种新生事物提供了一个轻松的环境，让志同道合的人可以聚在一起。在当年等级森严的社会里，大家在咖啡馆里窃窃私语，由陌生变熟悉；咖啡馆也发展出了不同的“个性”——在伦敦，威斯敏斯特周围的咖啡馆吸引政治家，圣保罗大教堂附近的咖啡馆吸引宗教人士，科文特加登的威尔咖啡馆吸引舞文弄墨者，皇家交易所周围的咖啡馆吸引生意人，巴斯东咖啡馆吸引医生，乔治咖啡馆里则坐满了律师。

在咖啡馆办公的潮流，最早是在生意人中兴起的。他们为了客户、供应商和合作伙伴能找到自己，就每日在固定的咖啡馆里占一张桌子摆开架势，办公、开会和交易。当时伦敦的乔纳森咖啡馆聚集了一群商人，店主便很配合地在墙上张贴了股票和大宗商品价格表。就在这间咖啡馆里，有一群常客在1761年成立了一个股票经纪俱乐部，这个俱乐部后来慢慢发展成了大名鼎鼎的伦敦证券交易所。一群人聚集在一起能创造财富，从原始部落的狩猎采集时代开始，到咖啡馆的兴起，经过了无数次的反复验证。

事实上，咖啡馆孕育了现代办公形式的雏形。商人们在一栋楼宇中租个办公室这种方式，便可溯源至在咖啡馆里占一张桌子办公的行为。所以，在咖啡馆里打开电脑干活，是咖啡馆的优良传统之一。亚当·斯密就在大英咖啡馆里写就了《国富论》，并把那家咖啡馆的常客当作试读者，发动大家一起讨论新章节。

后来报纸出现，咖啡馆的信息交换功能开始减弱，咖啡馆慢慢演变成了今天的模样。现在，咖啡馆还保留着公共场所属性，但在很多地方，其社群功能已经基本丧失。现在去咖啡馆喝一杯，你一个人走进去，一个人走出来，少有机会在咖啡馆里认识什么人；但因为泡咖啡馆而认识了新朋友，学到了新知，得知了新闻，才是咖啡馆本来的样子。另一边，办公室也从咖啡馆出发，渐渐发展成了今天我们熟悉的模样。在后来的 200 多年中，办公室的形态虽有各种变化，但万变不离其宗：在开放式的大空间集中办公是为了方便监管，个人办公室是地位的象征，窗边的、拐角的独立办公室则表明了主人的尊贵地位，等等，发展出了一整套办公室文化，为影视作品提供了取之不尽的丰富素材。

终于，到了 1979 年，办公形态开始松动了。那一年，计算机巨头 IBM 位于硅谷的 Santa Teresa 实验室开展了一场激动人心的尝试。他们为五名员工在家里安装了一套终端，使得这五个人成为计算机时代最早一批在家远程办公的幸运儿。这次实验大获成功，IBM 正式开始在各地办公室推行在家办公计划。2009 年 IBM 发布的一份报告中公布了这样一组数字：IBM 在全球 173 个国家和地区共计 38.6 万名员工当中，大约有 40% 的员工根本就没有任何实体办公场所，节省了近 550 万平方米的办公空间，节省成本约为 20 亿美元。所以，理所当然地，IBM 开始成为远程办公的积极推动者，并希望在自己的示范下能有更多企业跟进。他们自然也十分乐意成为远程办公设备和解决方案的供应商。

可惜这件事有个不太妙的尾声。到了 2017 年，IBM 出乎所有人的意料，宣布要逐步召回在家办公的员工，接到通知的 IBM 员工要在规定期限内回到指定办公室上班，或者离职。他们有 30 天时间考虑自己的去留。消息一经传出，舆论一片哗然，很多人觉得这是显而易见的倒退。要知道，把员工召回办公室，IBM 要为此投入十几亿美元的成本，并且当时还处于营业收入连续 20 个季度下降的背景之下。在家办公一定是出了什么问题。

在家办公最常发生的问题是缺乏了监督以后的行为不可控现象。每个人都知道，制度是必需的，这一共识是基于我们对人性的了解。人们厌恶监督往往并不是因为监督的必要性，而是有人会利用监督的必要性而滥权，将超过需要的监督加诸他人。IBM 显然没有形成足够有效的约束体系，因此在家办公的收益无法抵消沟通效率下降所造成的损失，使得交易成本上升。不在一个房间里，不能面对面，必然会提升沟通成本。人与人相处，永远是越相处越熟悉，熟悉则有利于信息的流动，信息的流畅传输则更有利于达成目标。此外，独处的时候，我们是最放松的，放松当然是舒服的，但并不利于集中注意力。涣散的注意力，无疑又会导致效率的降低。另外，在家办公还会产生一个不常被提起却实实在在的问题：孤独感。

所以，当 IBM 还在一边大张旗鼓地宣扬自己的创举，一边纠结在家办公的收益和损失该如何平衡时，一种新型办公形态悄然出现。1995 年，柏林的 17 名计算机工程师共同创建了一个联合办公空间“C- 基地”(C-base)。这被认为是第一个共享办公空间，尽管当时连“联合办公”这个说法都还未出现。起先这个概念的传播非常缓慢，直到 2002 年才有两位奥地利企业家在维也纳以“创业中心”为主题创设了另一个空间。之后就是 2005 年的旧金山，深谙开源精神精髓的布莱德 · 纽伯格（Brad Neuberg)

尝试性地在旧金山开办了一个共享办公空间。那个场地真的是“共享”的，因为他每周只能使用两次，其余时间业主还有其他用途。因此，布莱德·纽伯格要接受的条件是不能添置任何不能移动的家具，每次使用结束后要将场地恢复原状，租金每月300美元。那时候他没工作，就连每月这300美元都是父亲替他支付的。起先他满心指望能借此挣点钱，结果头两个月根本没有人来，最后他只能自己印了传单，上街去宣传这个大家闻所未闻的新办公概念。陆陆续续地，有人来了。一年以后，因为要容纳更多的人、需要更多的可用时间，布莱德·纽伯格开设了一个全时段的、更大的共享工作空间，叫作“帽子工厂”。两年后，2008年，WeWork成立。自此以后，共享办公空间日益普及起来。

在共享办公高歌猛进的这些年里，创业浪潮从美洲席卷到亚洲，中国又一次成为一个规模巨大、值得争夺的市场。有一段时间，中国无处不共享：共享单车、共享出行、共享办公、共享住宅、共享充电宝，甚至共享雨伞、共享按摩椅……资本如水银泻地一般，把所有可能性都查探了一番，在每一种哪怕最勉强的项目上都尝试了一把。

但大家好像多多少少都遇到了些问题，一窝蜂地起来，也就难免一窝蜂地倒下。共享办公算是赶上了好时光。中国2015年新注册公司超过400万家，同比增长21%，背后是鼓励创新、创业的大趋势。创业维艰，共享办公空间就成为许多初创公司的最佳选择。但即便如此，2018年中国国内的联合办公品牌还是遭遇洗牌，数十个品牌倒闭，更多品牌发展放缓、规模收缩，或者干脆停止了扩张。到了2019年，全球联合办公行业头部企业WeWork冲击IPO失败，估值从470亿美元断崖式跌落到80亿美元，[1]使人不禁要问这个行业到底发生了什么，或者，是否联合办公这种模式本身就存在问题？

等热潮退去，呼啸的风停歇，大家终于可以静下心来反思一番。至此，大家才发现联合办公存在一些难以解决的问题，比如效率问题。在开放的环境中办公，也就意味着受到干扰的可能性增加。人非机器，注意力的切换需要时间。根据加州大学的一项研究，我们的注意力每次被打断后，重新回到手头的工作，平均所需的时间为23分钟。而在联合办公空间里，据说每11分钟就会被打断一次。虽然个体情况不同，一个人的意志、决心、工作习惯都会影响到工作效率，但环境显然是重大影响因素。但是，没关系，失败就是学习。互联网时代在观念上最大的影响之一，就是教会了大家以生态的角度看待世界。生态是没有终点的，我们永远都在过程中，生态遇到的所有问题，都是提升能力、提高生态系统韧性的机会。“所有杀不死我的，都会让我更强大。”尼采所言不假。

大约从 2014 年开始，“让我更强大”的因素出现了。从那一年开始，一个新概念迅速流行起来，开始推动联合办公空间往另一个方向试错。在摩尔定律的作用下，我们的技术能力不断加速提升，引发的一系列连锁反应直接影响了两件事，一是个人能负担得起的数码设备越来越强大，二是各国的数字基础设施日趋普及和完善。这两个基础条件，使得有一群人忽然醒悟：如果一个人的生计依赖数码设备作为生产工具就能实现，且无须受到工作地点的约束，是不是理论上就可以在世界上任何一个能接上互联网的地方生活了？于是，数字游民出现了。

数字游民，Digital Nomad，这个词最早出现于 1999 年的一本同名图书，但十几年以后，才真正成为一股潮流。原本各自像孤岛一样存在的一群人，终于会聚在了一起，渐渐开始显露出力量。现在他们聚集在巴厘岛的乌布和仓古，聚集在清迈宁曼路的小巷深处，聚集在胡志明市的第七区，聚集在全世界最宜居的一些城市和以前可能闻所未闻的异国乡村里。去巴厘岛仓古的数字游民据点看一看，就会发现在那里的联合办公空间有着完全不同的环境和氛围。

在巴厘岛，来自世界各地数以千计的数字游民聚集在一起，很多人会选择租住在民居里，或者在公社式的合租院落中生活，停留时间平均为半年到一年半。在这段“生活在别处”的日子里，他们聚集在印尼风格院落改造的办公空间工作，同时参与一些本地的公益项目，带领本地孩子学习英语和编程，组织环保或扶贫主题的活动，结交本地朋友，还有些人则会趁此时机学习本地文化和语言。来自欧洲或美洲的人，一边通过工作获得收入，一边享受着消费水准差异带来的利差，在彻底的异国风情中度过了自己的一段生命。对于很多人来说，没有比这更自由和浪漫的活法了。

而且，更好的是，那些扎根城市、以创业小团体为目标受众的联合办公空间所遇到的问题，在这里迎刃而解了。当来自五湖四海的人聚集在这里，彼此之间的竞争关系消失，于是自然转换成了彼此合作的心态。一个来自纽约的专栏作者，当他遇到专业问题时，可以心无挂碍地把问题端出来与周围的伙伴讨论，而参与讨论的人可能是来自阿根廷的摄影师、来自日本的程序员、来自西班牙的服装设计师、来自新西兰的资深广告创意工作者，大家凭借各自的专业和文化背景，往往把一场讨论变成跨文化、跨专业的创意会。至此，一种全新的、前所未有的工作协同模式开始慢慢浮现。论个人的工作效率，可能关在小屋里独自工作时最高，但论创意的效率，则是在多元文化的友善环境中才能得到最大提升。所以，这又回到了关于社群的讨论——一个联合办公空间最重要的并非硬件，而是参与其中的人。人与人之间是否交往，以什么心态交往，决定了这里是不是一个社区。这里是不是社区，是保守的还是开放的社区，在很大程度上，决定了一切。

观察到数字游民带来的活力和经济及社会效益后，一些敏感的国家开始反思传统签证体系存在的弊病。几乎每个国家对于进入本国的外国人都有工作方面的限制，除非持有特殊签证，否则在本国从事任何工作通常都视为非法。数字游民的状态直接挑战了这一基本规则。如今，爱沙尼亚、泰国、百慕大、巴巴多斯、格鲁吉亚、克罗地亚等国家和地区已经为数字游民设计了专门的签证政策，还有更多的国家正在跟进。星星之火，已呈燎原之势。

现代办公形态发源于 17 世纪伦敦的咖啡馆。历经 300 多年的演变，有一群人又回到了类似咖啡馆的环境中办公。一个轮回即将走完。我们中的一部分人，又回归到了最初。

乡村的可能性

每当日落时分，巴厘岛仓古的数字游民们会合上电脑，收拾起自己的办公用品，锁进储物柜里，然后跨上踏板摩托车向海边飞驰而去。他们的摩托车有个小小的特别之处，是在踏板边缘做了两个铁丝拗成的弯钩，正好可以搁上一块冲浪板。在日落的浪潮卷来时，带着冲浪板投身于大海中，是很多数字游民选择在这里生活的原因。数字游民一族，是唯一能够把工作、学习、旅行、度假和生活五个维度融为一体的群体。很难想象还会有另一种生活比他们的更过瘾。

数字游民形成风潮说明两个问题：一是数字基础设施的门槛越来越低，一般地方都能满足；二是越来越多的工作已经不在乎具体的工作地点。这对乡村的意义尤其重大。以前只能务农的地方，而今有了更多的可能性。

提到创新，大家往往想到硅谷；提到硅谷，大家想到的就是高科技。在大众认知中，高科技与乡村的关系是最远的。硅谷本身即乡村这件事，则证明了乡村拥有的可能性超过了一般的认知。且这里还存在一个思维误区，即创新本身并非专指技术创新，更广泛的创新其实发生在文化领域——信息时代的特征就是人人都可以成为创作者。顺德海关关员化名“当年明月”，业余创作的《明朝那些事儿》销量超过 500 万册，成为超级畅销书；刘慈欣是娘子关电厂的计算机工程师，却成为雨果奖获得者、中国科幻创作的一盏明灯；海岩原是锦江集团高管；“二混子”曾是一名汽车工程师……文化艺术领域的发展依赖创造力；同时，从大理社区的发展中可见，文化艺术领域从业人员能成为早期社区居民的重要组成部分，很大程度上就是因为他们的职业属性决定了无须固定工作地点。互联网技术的不断提升，更是解放了大量劳动力。在 20 世纪 90 年代，如果要制作一个广告片，后期作业中必须要经过胶转磁、调色、剪辑、特效制作等工序，涉及多个专业合作单位，动用昂贵的器材；如今一台笔记本电脑基本就能完成。总之，但凡信息处理相关的工作，理论上都已能脱离固定工位。生产工具能力的提升，意味着个人生产力的提升；个人生产力的提升，意味着传统生产关系将被瓦解，新的生产关系将会形成。

再以广告片为例。过去，传统广告片的制作，是一家公司才驾驭得了的事。广告片作为商业产品，成果是充满不确定性的，为了防止过程中的种种不测，广告制作单位设计了繁复的流程，以各个环节逐一确认的方式降低风险。这其中涉及创意、导演、摄影、美术、制片等部门，而各部门的内部职能还会继续细分，比如美术就可以分解为服装、化妆、道具、置景，最后精细到女主角的耳环，桌上摆放的花瓶，汽车座椅的颜色等细节。广告片的麻烦之处在于，一旦产生分歧，除非特殊情况，否则预算不允许补拍。商业厌恶不确定性，而创作充满不确定性，为了弥合两者之间的差距，一套标准流程被设计出来。如此繁杂的设计、提案、确认过程，要在短时间内完成，在过去的技术条件下，除非把人聚在一起，否则沟通成本和时间成本会高得难以承受。公司作为项目的组织和协调者，减少了交易成本，发挥着不可替代的作用。现在，一方面个人的生产力提高到了前所未有的程度，单兵作战火力顶得上以前的一个排；另一方面协同作业能力在工具的加持下，更是大大超越以往。效果是显而易见的。过去制作一个广告片非常昂贵，每秒的制作成本甚至超过电影；现在在抖音上发一条视频的成本已经可以接近于零，信息覆盖面还能超过以前的广告。旧世界正在瓦解。

发达的科技，似乎把我们每个人都变成了神话中的“神”。我们可以在一天之内飞行几千里，可以及时听闻世界各个角落发生的事，可以制造让人无法分辨真伪的声音和图像，可以让一个人用他从未学过的语言流利地表达，可以随身携带上千本书……好像除了长生不老，我们什么都行。

那么，这样的力量能用在什么地方呢？谁又更需要这样的力量呢？

资本无时无刻不在寻找需求。规模更大的市场，意味着更多需求、更多机会、更容易获得的财富等等。当所有人都这样认为，城市就在无数的资本和追随着资本而来的拼搏者的共同努力下发展起来了。也因为资源集中，竞争也就更为激烈。无数人的无数双眼睛，都在城市中搜寻机会，哪怕发现一个小小的空白，哪怕只比别人早发现一点，都意味着获得财富的机会。任何机会都有人争取，任何空隙都有人填补，资本和人力像液体一样流淌进任何一个可能还存在着的洼地中，不断创造着都市的财富神话。城市给人一种错觉，让每个人都觉得自己有机会，并因此而甘愿忍受城市的种种问题。

但若换个角度思考，当一条路上挤得熙熙攘攘，就到了该往别的方向看一眼的时候。把眼光从城市移开，能看到希望的田野。

1994 年（平成六年），新潟县知事平山郁夫提出了“新新潟佐藤创作计划”，在乡村举办艺术节被认定为整个计划的主要项目。1997 年，“越后妻有艺术节执行委员会”成立，应平山郁夫的邀请，新潟县高田市艺术总监北川富朗担任总导演，首届大地艺术节暨越后妻有大地艺术祭三年展于 2000 年举行。此后，越后妻有渐渐变成了乡村艺术展的代表，每届都吸引了大量参观者到访，参观人数从第一届的 16 万逐步增长到第六届的 51 万。在历次的艺术节中，总有一批艺术家把作品留在了越后妻有的乡间，把传统乡村变成了一个广阔的露天艺术馆。日本乡村因为老龄化严重，人口不断流失，房屋无人居住，学校关闭，耕地荒废，引发一系列问题。大地艺术祭的开展，又为乡村带来活力。越后妻有的成功，成了很多乡村的样板。随后跟进的是濑户内海地区。从2010年开始，同样面临老龄化和人口流失问题的濑户内海地区，依托有别于山野农田的海岛环境，也开办了名为“濑户内国际艺术祭”的艺术展。同样是三年展，濑户内的艺术展依托更便利的交通，第一届的参观人数就达到94万，此后每届都超过百万。

与新潟和濑户内存在同样问题、也想出类似解决方案的，还有德岛县的神山町。1997年，德岛县宣布了要在神山町建立“国际文化村”的构想。由于种种原因，文化村项目没能实现。虽然艺术家驻村计划保留了下来，但影响力很小，基本不为外界所知。可恰恰是这个艺术家驻村计划，使得本地百姓开始理解和接受外乡人在本地的出没，为后来的发展创造了良好的基础。另一件影响神山町的事，是2004年光纤网络的接入，这为原本通信条件落后的山区插上了翅膀。良好的通信基础设施，让这里意外地迎来了科技企业的落户。

2010年10月，云名片管理服务创业公司Sansan率先在镇上将老民宅改建为办公室，紧接着，一些 IT 公司的卫星办公室也在这里陆续落地。随着这些外来者的进入，围绕着他们的服务业也渐渐兴盛起来。2011 年，人口流失现象被止住了，同年人口开始增加。神山町由于社区独特的发展路径，引起了全日本的关注，开始被称为“日本的硅谷”。

日本的三个案例，或与艺术有关，或由艺术引发，背后都有外来者的介入。它们的有趣之处在于，本地力量在其中扮演了发起者角色，并受到外来者的响应。在神山町的案例中，艺术方向的失败尝试，恰好为后续的发展铺垫了基础，直至最终有外来企业落户，成为本地的新成员。不同类型的案例都对乡村具有启示意义。中国近些年的乡村项目也在如火如荼地开展，越后妻有和濑户内都是人们参观的热点。在执行逻辑上，艺术祭这样的形式本身就容易理解、容易执行，艺术家进入乡村亦带有很强的话题性，且有成功案例在先，因而颇受欢迎。相比之下，知名度稍逊的神山町似乎不受追捧。

日本著名的社区设计师山崎亮先生有个非常精彩的表述，是他在进行兵库县家岛专案时提出的，叫作“不是打造出只让一百万人来访一次的岛屿，而是规划出能让一万人造访一百次的岛屿”。越后妻有和濑户内都成功地创造了自己的主题和特色，实现了“一百万人来访一次”。不过，这种形式的操作难度其实很高，国内已经有若干地区尝试过，请去的艺术家影响力不小，也都有出色的作品，但似乎都只是热闹一时。在这个嘈杂的时代，信息太容易被淹没了。一次性的事件，即便一次能持续好几个月，能够产生的传播终究有限。神山町没有把注意力放在“一百万人来访一次”上，甚至追求的也不是“一万人造访一百次”，而是实现了“一百人住一万年”。这才真正产生了重新激活一个乡村的力量。

更精彩的是，神山町不曾大费周章地组织大型事件（也组织不起），发挥关键作用的是几位热爱家乡的志愿者所组成的一个叫“绿谷”的非营利组织。在绿谷的网站上，赫然写着这样的组织使命：把日本的乡村变成一个美妙的地方！绿谷的工作意图很简单。当他们发现那种请艺术家留下作品来吸引游客的方式不适合神山町时，便转而投入专事鼓励外来者移居神山町的工作中。如果用“驻地工作”来替代“驻地艺术家”会怎样？就是从这么一个简单的问题开始，绿谷走上了一条通向未来的道路。2008年他们的网站开通时，访问量最多的页面是“生活在神山”，而他们所做的只是把老民居的空房信息整理公布在上面。事实证明，移居的潜在需求高得惊人。与外来移居者和询问者交流多了后，绿谷有个令人感慨的总结：过去，高度自觉和敏感的年轻人是根据起薪、福利和工作地点等条件选择工作；如今，根据是否能够以自己满意的方式工作和生活等标准来选择工作的人，数量增加了。

中国的一代年轻人，差不多也到了这一刻吧？

生活在这个时代，发生在我们身上最好的事情之一，就是人生中有选择的余地。这意味着，我们不必因为出生在哪里就生活在哪里、老死在哪里，我们可以尽情选择自己喜欢的生活方式，包括在何处生活。在人群中总有那么一些人，是愿意离开都市、选择生活在别处的，只要这“别处”符合条件。

那么，什么才是一个符合条件、足够好的地方呢？要符合哪些基本条件，才能聚集起那些不想再留在城市里的人呢？

我们觉得最关键的，其实只有两点：我们能在乡村环境中解决自己的生计问题吗？我们能在乡村获得不止于维持体面生活的收入，并为自己的未来做点认真的打算吗？

答案是肯定的，但必须依靠创新。我们已经意识到问题的症结，并据此设定了值得为之努力的目标。

理想小镇的秘密

作为个体，
我们确实很难对抗环境。
但当我们在一起，
我们可以创造环境。

只要清楚平台、
生态和小镇背后的
原理是什么，
一起来创造适合自己的、
更好的环境，
做正确的设计，
用正确的方法，
是可以做到的。

我们的小镇观点

乡村与创新并不相悖。乡村的环境更有利于社群的生长，社群孕育着多样性，富有多样性的环境则更有利于创新。但是，在乡村实现多元化社区以支持创新产业的生成，我们没有现成的路可走。

首先，我们认为，“一百万人来一次”的路是不具有普适性的。中国的大部分乡村，都不具备这样的条件。一个万众瞩目的目的地，需要拥有独特的自然风景或丰厚的历史人文遗产，这有赖于老天爷或者老祖宗的恩赐。在今天这个信息时代，人人被纷至沓来的资讯包围。信息的过度传播，固然能够让以往没机会曝光的地方被大众看到，但信息迅速淹没信息，热点永远短暂。能够一直保持高热度的国家级目的地，是一张并不算长的名单，且新晋者很难跻身其中。不过，即便再难，可能性还是存在的——很多人认为，如果有足够强的设计或创意，并创造出足够吸引人的内容，还是有可能的。这带给大家一线希望。

这“一线希望”耗费了大量资源。有些以吸引大众游客为目标的乡建项目，为了博得“一百万人来一次”的效果，不惜投入重金以博眼球，请最好的设计师，做大体量项目，居然形成了近似“军备竞赛”的态势，夸张到最后需要住建部出面阻拦。另一种更常见的模式是追热点，以一种“人家能红为什么我不能”的自信，抱着“也许这样也能火”的愿望，什么流行来什么。结果呢？以十年为一个时间段，在过去十年中，有哪些地方平地一声雷，忽然冒出来，真正成为了大众目的地？好像只有北戴河阿那亚。阿那亚证明了那“一线希望”确实存在，为各地建设项目提供了宝贵的精神燃料。

问题在于，创造流行产品风险极大。灵感、创意固然重要，但就算做对了一切，依然还有一个叫作“运气”的因素影响着成败。以电影产业为例，电影是高度依赖流行度的产品。一部电影只有在短期内成功流行起来，才能形成规模巨大的票房收益，如果错过这个短暂的窗口期，影院的排期就会让给后续作品。这是一桩残酷的生意。出于经营安全考虑，就要把不确定性降到最低。好莱坞发展出了一整套极为严苛的流程，从剧本审核到资本管理到制作过程监督，把一切可以量化的全部量化，一律照章法行事，为的就是把风险降到最低，把成功率提到最高。例如，华纳电影的剧本要符合以下条件：篇幅在 110 ～ 130 页之间，男、女一号不少于 75 场戏，要包含 40 ～ 60 个事件，再对照该类型电影的三年票房数据走势，才有可能获得候选资格，最终由一位副总裁决定是否能够投拍。这还只是剧本阶段，之后还有无数环节等着，随时有可能让这部电影流产。就算经过了所有严格审核，一步不差地走到了最后，把一切能做的都做对了，结果又如何呢？只有少数影片会成为卖座“爆款”，另有一些收支平衡，亏损的还是占了大部分。好莱坞六大制片公司的经营策略，根本上还是在用规模效益冲抵不确定性，同时寄希望于有几部大片能冒出来，以其利润覆盖其他作品的亏损，使得总体依然保持盈利。身为全球电影产业最顶层的企业，经过近百年的演进，发展出一套烦琐的风险控制流程，即便这样，他们对产品的盈亏能力依然没有把握。这是创意产品的特性决定的。

所以，以“一百万人来一次”、成为“爆款”为目标，这种形同打造创意产品的乡建思路，一开始就注定是高风险的。尤其是在整个模式尚未成型，保障成功率的规则尚不明确的情况下，连什么是“做对”的标准都没有，便只能指望幸运之神的降临……把小镇建设的成败寄托于创意表现，以能否吸引足够的注意力、足够的人流作为优先考虑，有着非常大的风险。

其次，我们认为，意图“装配”一个小镇，是行不通的。所有自然形成的小镇，仔细研读它们的历史，便会发现其兴衰都是符合自然规律的。自然形成的小镇，向来不会一整片区域都是商业区，夜晚空无一人，而另一边则是整片用围墙圈起来的住宅区。即使是当年长安的东市西市，虽是商业区的属性，也始终有人居住。直到有了“规划”这个行业后，才产生了人为划分片区的做法，将商业区、办公区、住宅区完全切割开，迫使大家在各功能区之间反复往来，人为制造不方便、交通堵塞，人为增加了社会成本又降低了活力。教条的规划者，遵从的是未经消化的规则，出发点是社会管理的便利而非生活在其中的人，最后往往落到没有人可供“管理”的窘境。人们对于环境的敏感是全方位的。最基本的，如“路宽了，人气就散了”这样的简单道理，都有许多规划者是无视的。当环境对我们不友好时，我们也不会乐于对环境友好。

机械思维是我们擅长的。我们所受的教育应工业时代的需求而产生，相应地，教授的是符合工业时代需求的内容和思考方式，久而久之，对于用工业思维解决问题早已习以为常，内化到了我们的行为模式中。给定一个目标，我们便会分解任务，盘点可调用资源，设计实现路径，设定阶段目标，挑出难点，迅速就能把如何解决问题思考个八九不离十。如果我们必须要去装配一台苹果手机，即便毫无经验，我们也能找到解决方案——在互联网时代，在无限资讯的支持下，一次迈一小步，我们也终究能够完成任务。然而，这样的思考对于装配一个真正的苹果毫无帮助。我们用尽全世界的钱也组装不出一个苹果来。苹果只能在树上结出来。

那么，小镇更像一块手表、一台手机，还是一个苹果呢？小镇到底是个机械系统还是生态系统？答案不言而喻。大家从认知上明白小镇必然是个生态系统，而一旦操作起来，却不自觉地又回到机械思维的陷阱中去。很重要的一个原因是，唯有机械思维是我们手到擒来的。有不少声称做“生态”的，凑近一看，发现他们做的是个花园。花园需要管护，需要外力的介入，才能在花开时节一片烂漫。这里容易让人迷惑的是，在足够优秀的园丁的照顾管护下，花园可以比自然风景更美、更吸引人。想想看苏州或英国的园林。园林的使命就是要令人赏心悦目，如果仔细地设计和布局，施以正确的方法，由专业人士打理，是能够实现目标的。但那与生态无关。把所有人为因素都从园林中撤走，如果还能存活，才算有了生态。

生态有自己的生命周期，有刚刚兴盛时的勃勃生机，有遭遇危机时的险象环生，有峰回路转时的希望满怀，也有走到尽头时的奄奄一息，起起落落是为常态。大自然遵从的是规律，不是上帝，也不需要上帝。一个弱小的生命固然需要照顾，但照顾的目的是让他变得强壮，有天不再需要照顾，而不是为了强行让他长得符合自己的规划和设想。机械思维有个非常强大的认知惯性，就是一定要有个标准。怎样才能知道产品好不好、是否符合质量标准？那就掏出游标卡尺来量一量，放到天平上去称一称。如果不符合要求，那就在台钳上夹紧、上锉刀。用这种方式对待小镇，还指望小镇能活过来，希望微乎其微。

这也是在小镇“打造”产业为什么那么难的原因。经济学家、诺贝尔经济学奖获得者米尔顿·弗里德曼（Milton Friedman）曾以一支铅笔为例，详细剖析了构成一支铅笔的原材料由何而来，深入浅出地解释了现代工业体系的协作模式，并留下了一句名言：没有任何个人有能力独立制造出一支铅笔。我们身处世界工厂之中，只要稍稍关心我国的制造能力，就能对此有所体会。每个工业门类都不是独立存在的，相互之间蛛网交错的联系，涉及无数的接口和标准、各种工序和供应链环节，牵一发而动全身。有学者考察过明显在承接中国产业转移的越南，认为那只是我们珠三角的“溢出”，只是组装环节的“转移”，其他环节还是必须依靠中国强大而坚韧的工业体系。[1]这背后，就是生态。在独立于这个体系之外的某个地方，想要凭空加入这个生态之中，在市场本就已经相当成熟，各行各业竞争之激烈都排名世界前列的中国，难度可想而知。在遇到外来扰动时，构成生态系统的各个节点在各自求生欲的推动下，尝试各种解决方案，以万变求不变，保持着生态系统的活力。这就是现在正在发生的事情。

小镇是怎么炼成的？放在历史长河中，任由其自然生长就好。人类自身的趋利避害本能，自然会形成群体意志，推动社会发展——变强，或者灭亡。但若是要刻意“打造”一个小镇，能把最基本概念讲清楚的，倒是一本讨论软件开发的书，叫作《大教堂与集市》。这本书由开源运动先驱埃里克·斯蒂芬·雷蒙（Eric Steven Raymond）撰写，专门描述软件开发的两种形态，大教堂模式（The Cathedral model）和市集模式（The Bazaar model）。这恰好就是小镇所需要的两种基本形态——大教堂只能在自上而下的力量统领下建成，需要精心设计、团队合作、财力保障、强有力的领导团队；市集则是只要有一块场地，符合一定的条件，自然就会形成，是典型的自下而上模式。转换到中国文化的语境中，等同于庙宇和市集。自古以来，我们就有初一和十五到庙里上香的传统，市集往往就会围绕着庙宇延展开来，逐渐形成本地的商业街。很多地方现在还保留着“庙口”“庙前”之类的地名。今天香港九龙的庙街，还保留着摆摊售货的形态。庙宇和市集，二者是不能偏废的。只有庙宇而没有街市，不会有烟火气；只有街市而没有庙宇，生活质量定然堪忧。当然，这里的“庙宇”只是比喻，指的并非狭义上的宗教场所，而是泛指能给小镇带来精神指引的中心建筑。可以这样理解，建筑决定着小镇的样貌，生态决定着小镇的生死。当下，小镇普遍遇到的问题是，自上而下的“庙宇”模式数见不鲜，对于如何激发“市集”则一筹莫展。一个理想的小镇，是自身的生命力被激活，进而形成自身的独特文化，最终得以吸引外来者到访。这其中，“自身的生命力”是不能被越过的，“市集”是不能被忽略的。很多特色小镇项目遇到困难，本质上都是没能解决类似的问题，到头来只留下一堆日渐破败的躯壳，毫无生气。

简言之，把吸引游客作为小镇的目标，以游客数量的多少决定小镇的生死，无异于设定了一个难度极高的任务。且在这种思路下所建成的小镇，事实上很难被认作小镇，而更应被视为景点。吸引游客是景点的职能，而不应是小镇的。想要建成一个不仅能活，还能保持健康自循环的小镇，一定要寻找其他路径。

“集市”的秘密在于生态，而生态的秘密就掩藏在大自然中。

生态的原理

日本北海道大学的海洋化学家松永克彦先生曾经做过一个令人印象极为深刻的课题。他在研究中发现了一条意想不到的食物链：落叶中所含的酸会经由溪水与河流汇入大海，这些酸能滋养浮游生物的生长，而浮游生物则将关乎一长串海洋生物营养的摄取和规模的形成。那么，是否可以通过增加源头的供给而丰富渔业资源呢？于是，研究人员建议渔业公司在近海的水岸上植树造林，最后证明这条不可思议的链路是存在的：更多的树产生了更多落叶，鱼类和贝类的产量因此得以提升。

这件事很好地说明了生态系统中各组成元素之间的互动方式之奇妙，我们对此的了解实在有限。即便只窥见大自然中的这一点点奥秘，怕是也足以令人明白，这样精妙的系统不可能是由某个高于万物的力量预先设计的结果。生态系统中的互相合作、相互影响，时时刻刻表达着同一个意思：人类，在大自然的复杂系统面前，是力有未逮的。

不确定性是生态系统的一个重要特征。但是商业厌恶不确定，机械思维厌恶不确定，这也是为什么建寺庙容易而做市集难。当以商业为目标，以机械思维为工具，自然是想要“装配”出一个结果来。当发现装配的效果不如预期，很多人不会考虑是不是方法有问题，而是去反省是不是自己力度不够，于是会更加用力地去装配，结果便如巴顿将军所言，“你用手枪去对付一个罐头，这罐头就没法吃了”。

生态自有其与“不确定性”相处的方式，这是我们应向大自然学习的部分。大自然面对不确定性的策略是保持开放以获得足够的多样性，依靠多样性来确保稳定性。大自然中处处彰显“以万变求不变”的迹象，这是生态系统在拼命调整自己以求适应。能适应，才能存活。在漫长的进化史中，大自然遵循的这一简单原理于 19 世纪被达尔文发现，100 多年后又被凯文·凯利（Kevin Kelly）在《失控：机器、社会与经济的新生物学》一书中予以发展，用以解释大自然之外的种种复杂系统，证明了底层规则的一致性。生态面前，不仅人人平等，人与自然，也是平等的。人类就是自然的一部分，哪怕我们已经拥有了强大的改造自然、影响自然甚至毁灭自然的可怕力量，依然只是自然生态系统中的一个组成部分，无法摆脱自然规律对我们的约束。

因此，建设小镇，必须尊重自然规律。尊重规律的第一步是了解规律是什么，然后才知道什么不能做，什么应该做、应该怎么做。面对生态系统，有两种常见的态度，一种是“无能为力”，另一种是“无知者无畏”。这两种态度都属于直觉，而生态系统中的诸多现象往往是反直觉的。因此，无论是“无能为力”还是“无知者无畏”，都是不足取的。

对于生态，我们定然不是“无能为力”的。互联网时代来临以来，我们不断听到一个抽象的词，叫作“平台”。“平台”究竟是什么？大概可以这样理解：平台是一个载体，构成这个载体的最基本硬件和规则，决定了这个载体具备怎样的能力。地球本身就是个“平台”。在偌大的宇宙中，只有在这里，软硬件的各项条件配合得刚刚好，生命才得以在这个平台上诞生——这就是地球这个平台的独特性。计算机也是个“平台”。构成平台的不仅包括计算机硬件，也包括操作系统软件。在最基本的软硬件配合下，一台电脑才能运转。至于一台电脑具体能够执行什么任务，是平台上的应用软件决定的。但如果没有最基础的平台，应用软件便不会存在。应用软件必须通过操作系统才能发挥作用。某些应用软件也可以是平台。更准确地说，我们能在智能手机或电脑上打开的应用软件，可以是平台的一个视觉界面，是平台的一部分。比如淘宝，我们通过对软件的操作来调用无数后台服务器，让那些硬件来响应我们的需求。淘宝的软件部分，也就是规则，决定了这个平台的用途。

那么，通过对软件的操作调用了硬件能力的“挖地雷”游戏，算是平台吗？不算。其关键在于是否具备开放性。只能运行规定内容的，则不构成平台。没有人认为一台微波炉会是“平台”，一台智能电视倒有可能是，差别就在于开放性。地球的开放性便在于接受各种生物的可能性。

平台是一切生态的基础。没有平台，生态便不可能存在。生态又很刁钻，对平台的条件挑三拣四。想想看，如果地球的气温不是刚好在冰点附近上下几十摄氏度，我们这里是不是就会像火星或月球一样？在宇宙环境中，这点温度差异小到不值一提，而我们现在仍然格外担心如果气候变化了几摄氏度会对我们造成什么影响——从本质上说，是想知道这个变化是否会危及我们生存的根本。

对此理解得最为透彻的是一众互联网企业。他们证明了人造平台是完全能做到的，还能做得很漂亮。他们的作品，现在几乎渗透到了每个人的生活中。平台提高了我们的生活质量，我们付出的钱、形成的数据则让他们成为巨富，并帮助他们演化。

小镇的发展与此同理。小镇需要生态，这生态不能是一个花园或苗圃，而须是一个能够维持自循环的生命体，这就需要变成一个平台。小镇建设本质上就是平台建设——一个包含硬件和操作系统的、足够开放的平台。

以此为标准回头检视诸多特色小镇，就能看到问题可能出在哪里。于小镇而言，硬件是指建筑和公共环境。硬件是否够好，并非指建筑是否美观、宏伟，而是指它们能否满足使用需求。小镇平台的硬件要求，其根本在于一点：是否适合人际交往，是否鼓励大家在一起。古罗马时代开始建设的小镇，广场和喷泉随处可见，是有原因的。彼时，广场是信息中心，商号设在这里，市集开在这里，来自罗马的消息也会在这里公之于众；喷泉则用于提供公共服务，是人们取水的地方——那时候，普通人家到这里打水是免费的，有钱人把取水管接入自家则须付费。这样，人们自然会在广场聚集。在那个还没有报纸的年代，人们聚集在一起的地方自然就成了信息交换的重要场所。由此可见，广场并非仅用于彰显本地的威武雄壮，而是有着非常实用的功能。在中国，承担这项功能的地方，是衙门、寺庙和祠堂前。事实上，我们向来知道公共场所的核心用途，直到彰显威武雄壮变成了其最重要诉求，一切才都发生了改变。

硬件有问题，操作系统也一定有问题。智能手机的操作系统是无法安装在一台老款电话里的，因为后者的硬件不支持。操作系统的本质是一整套规则。这套规则决定了某项操作会触发什么反应。移动支付是近十年来我们亲历的一次操作系统大规模升级，其源头是硬件的升级。智能手机创造了可能性，支付宝据此率先升级系统，随后金融体系改写规则予以配合，微信跟进，全社会逐渐转入新系统。但是，即便所有聪明的头脑聚在一起，倘若没有智能手机的存在作为前提，这一切也是不可能实现的。硬件条件决定了操作系统能力，操作系统不可能超越硬件的能力而独立存在。

小镇的问题就在于，硬件的设计如果没有本质上的提升，只在表面上做文章，那么操作系统也得不到升级。操作系统只能适应现有环境。更为严重的是，很多生造的小镇不仅没有在传统小镇基础上进行升级，还缺失了很关键的部分——对人的社交需求的回应。而传统的小镇，这部分是从未缺位的。这也就解释了为什么很多特色小镇的特色，是没有人。

如果从生态角度来思考一个小镇的建设，对于硬件也就是建筑和公共环境的要求，一下就不同了。首先第一层面应做到的就是继承好传统小镇的基本功能，为居民服务，而不是首先考虑能否吸引游客。游客是结果，而非目标。让小镇的居民生活好，才是值得为之努力的目标。好生活不需要奢华，如果用一句话来总结，应是超越了红线的物质生活，一种温暖友善环境中的生活。前者不需要花很多钱，后者用钱买不到。

在支持这个目标的硬件之上，是第二个层面的工作：操作系统的程序编写。平台程序的本质是规则与服务。克莱·舍基（Clay Shirky）在其著作《人人时代：无组织的组织力量》中这样写道——经济学少数几个没有争议的信条之一是：人们会对激励做出回应。如果你给予他们更多的理由做某件事，他们就会更多地去做这件事，而如果你把他们倾向于做的事情变得更加容易去做，他们也会做得更多。这就是操作系统应实现的：激励他们，给予他们更多的理由做某件事，把他们倾向于做的事变容易。或者更具体一点：激励他们社交，给予他们更多的理由社交，把他们倾向于去做的社交变容易。

作为个体，我们确实难以对抗环境，但是当我们在一起，我们可以创造环境。只要清楚平台、生态和小镇背后的原理是什么，一起来创造一个适合自己的、更好的环境，做正确的设计，用正确的方法，是可以做到的。

小镇新产业

生活在小镇，真的可以高质量地解决生计问题吗？且让我们以更具体的方式，而不仅是以理论上的可能性，用我们正在进行的工作，来解释我们的观点，探索我们认为的可行性。

小镇就是平台，平台要承载生态，这是小镇的根本。但是每个小镇的生态不会是相同的，一定会因为地域和文化等因素的不同而不同。就像沙漠和大海，环境不同，演化出的生态也必然不同。

位于浙江省湖州市安吉县溪龙乡的白茶原，地处中国富裕的长三角区域的乡村腹地山区，距离杭州和太湖边的湖州车程均在一小时左右，距苏州车程两小时，距上海两个半小时，距南京三小时，被一众繁荣城市团团包围。安吉还是“绿水青山就是金山银山”这句话的发源地，因环境美丽，也因经济发达。如果有个世界一流乡村排行榜，这里足以作为中国乡村的代表上榜。我们的乡村探索正在这里进行。

溪龙乡已是中国乡村的佼佼者，但我们相信这不是终点，更美好的未来还在前面。中国乡村需要升级，要建成更为美好的乡村，宜居、宜业、宜游三个条件须同时满足。位于安吉白茶核心产地的白茶原，宜游是天然的。茶山和葡萄园种植品种虽不同，却在这里共同构成了充满节奏感和韵律的乡村画面，徜徉其中令人心旷神怡。风景优美的江南本就宜居，周围繁华城市环绕，进退两便。最需要解决的还是宜业。如果有一天年轻人选择人生走向时，能把乡村与城市同样对待，乡村不再是个奇怪的、有悖常理的选择，真正一流的世界级乡村才宣告实现。这正是我们努力的方向。

因为理解平台与生态的关系和特性，我们想做的事，是在现有的基础上推动乡村升级。1984 年乔布斯给电脑装上鼠标和图形界面，使得过去只能键入命令进行操作的电脑，一下变成了人人都能使用的工具，奠定了今天电脑的基础。我们认为中国的乡村同样需要一次这样的升级，需要在现有的乡村硬件上植入具有特殊功能的“插件”，激发出乡村过去不具备的功能，从而让乡村跃升一个新台阶。因此，我们规划和建设了“安吉创意设计中心”（Anji Creative & Design Center，ACDC）。这是我们的鼠标和图形界面。

ACDC 的原型是泰国的 TCDC（Thailand Creative & Design Center，泰国创意设计中心）。这个由泰国政府推动的项目，主要目标是为人们创造获得知识的机会，让人们有机会体验和学习来自世界各地的思想家和设计师的工作成果，以激发灵感和创造力。TCDC 鼓励企业与设计师直接合作，旨在鼓励本国人利用设计为产品和服务创造价值，并向外推广和传播泰国设计师的设计作品。这是泰国为文化创意产业而建设的一项基础设施，目前在曼谷、清迈和廊开都设有分支机构。至于中国，水、电、网络和道路这些通用基础设施的完善，是我们成为世界级制造大国和贸易大国的保障。我们正是在基础设施的不断升级中把自己锻炼成为“基建狂魔”的。现在我们设立的安吉创意设计中心，是另一种形态的“新基建”，是专为创意产业服务的基建——首先是硬件的改变和提升，其次是操作系统的适应性改写，通过为平台增加新功能，增加新的可能性。

安吉创意设计中心有三个基本功能：一是办展览，二是大型设计图书馆，三是通过研讨会、培训、工作坊等形式，为设计师和需求方创造见面机会，进而促成设计师社区的形成。我们想做的，就是为愿意在乡村短居或长住的设计师，提供一个能支持大家工作的体系。社区推动创意形成有其独特机制，本质上就是建设一个信息的液态流动环境，进而促使社区中的每个人都能因此受益。把人聚集在一起，让信息流动起来，创意自会发生。我们都是一具雷达，不断在扫描自己的四周，试图发现新世界；同时，我们也都生活在自己的信息茧房中，都会有自己的盲区。我们聚在一起，才能彼此覆盖盲区，发现更大的世界。创意社群中的“人人为我、我为人人”有着具体功效，“三个臭皮匠，顶个诸葛亮”这句老话早就说明白了，亚里士多德亦说过“整体可以大于其各部分的总和”。当我们是孤岛的时候，每个人的能力是有限的；当我们联合起来，我们能创造出任何单一企业的创意部门都无法比拟的奇迹。在互联网时代来临之前，有些博闻强记的奇才，获取资讯能力之强令人咋舌，确实可以以一当十甚至当百。但互联网把这样的独特优势剥夺了。当一群创意设计工作者在一起，他们各自独特的思维方式、善用的思考工具，连同聚在一起带来的宽广深厚的知识储备，已经构成了肥沃的创意土壤。至于成败——开源开放的社区并不能降低失败的可能性，它降低的是失败的成本。如果失败的成本低到一定程度，近乎零成本，那么尝试的胆量和规模便会增加。这正是社区环境支持创意的基本原理之一。

而且，这里还有最好的学习环境。“三人行，必有我师”，那么，三十人呢？三百人呢？在历史上不断重复出现的一个现象是，最优秀的人总是扎堆出现。一个跑步运动员的最好成绩很少是在独自奔跑中出现的，与强者一起奔跑才是重要的激励因素之一。在一个日益呼唤终身学习的年代，把自己置于一个“被动学习”的环境中，是再好不过的选择。

但这还不够。工作只是创新社区的场景之一。创意作为一种工作属性，最奇特的部分也是其不确定性。它不像机械装配，一小时能加工多少件，给够时间总能完成。创意工作有时需要独处，去散步，去冲凉，去一个人沉思；

也需要与人一起讨论，听听别人怎么想，同时让别人听听自己的想法；有时甚至最好去打场球，什么都别想。创意类工作需要丰富的场景，以及充足的时间。总之，这类工作具有复杂性，不能用一定之规局限之。因此，我们着手建设了一个场景丰富的空间，称之为DNA（Digital Nomad Anji，安吉数字游民公社）。这是我们的乐园，也是中国第一个稍具规模的数字游民基地。

理论上，所有连上互联网就能工作的人，都可以称为数字游民。但能否成为真正意义上的“游民”，则由一个因素决定：是否需要与“收入来源”靠得很近并一直保持很近的距离。无论是自由职业者还是无须坐班的企业员工，都会对自己的岗位有个安全性评估，通常与“可替代性”密切相关——一个人所做的工作越是不可替代，他对自己岗位的安全性顾虑越低，也就更容易移动；相反，如果可替代性较高，那么更好的策略就是离雇主更近，以社交关系的黏性增进自己与雇主的关系。在后者这种状况下，在家办公可能都构成威胁，更别说移动到别处了。因此，能够成为数字游民的，其中一大类便是对自己的不可替代性充满信心的人。不可替代性的背后是独特性，往往指向创造性思考或执行能力。当然，也有一些可移动工种是在这个范围之外的，比如炒股、直播卖货、在威客网站上接单等等，因其收入来自不确定对象，而不需要与某个或某些具体的人保持近距离关系。数字游民中，各行各业的都有，其共性是“自由”。所以，数字游民公社是没有组织架构、去中心化的一群自由人的自由联合，又必然带有足够的多样性，是一个创意社区最好的模样。

另外，如果说数字游民是个体的“最小可移动工作单元”，相应地，企业也有一个同样的“最小可移动工作单元”，这就是日本神山町尝试成功的“卫星办公室”。卫星办公室就如同企业中的数字游民。在中国，卫星办公室还是个新生事物。公众比较容易看到的明星企业，要么是金融、石油领域的巨头，要么是互联网大厂，还有些便是日常频繁接触到的消费品品牌。不少足够强大的企业，可能只因为没有从事面向消费者的业务，所以在公众中间的知名度不高。在不容易被人看到的企业中，有规模不比工作室大多少的小公司，有的则是更小的工作室，经营得都非常成功。他们从事着策划、设计、顾问、财务、营销、广告、会展等各式各样的业务，服务着稳定的客户，提供着灵活、优质的服务，业务能力出色，性价比高，因而一直保持着忙碌的工作状态。

与一般企业相比，他们更像另一个物种，遵循的是另一套逻辑。比如，这类小微企业中有些厌恶忙碌，认为匆忙会影响品质，也不热衷于扩大规模、增加管理难度，宁可保持在一个相对较小的规模，丝毫没有企图增容的野心。这类作业模式近似于靠手艺维生的匠人的小微企业，规模从几个人到十几人、二十几人，免除了大企业重床叠架的组织结构，也就避免了垂直命令体系的官僚内耗，在创造力方面优势明显。也正因为没有更大的野心，这些运营得不错的小微企业还相互发展出了以人际关系为纽带的协同机制，可以共同完成一个规模更大的、超过单一公司能力的项目。这些“匠人公司”的业务往往来源稳定，无须费力维护客户关系，更不需要四处出击寻找客户，加之又多是从事创意类工作，它们比一般企业更青睐乡村的环境和氛围。创意、设计、创造力，与之相关的关键词是开放、活力、高智商，要说哪个人群生活形态最多样、最乐于尝试新生事物，恐怕非他们莫属了。他们中间孕育着乡村未来的另一种可能性。

这群人拥有的创新能力，正是乡村所需要的。城市因其强大的消费力和巨大的规模而成为众多商业组织落脚的首选，哪怕要承担高昂的商业成本和更大的失败风险。在高强度的竞争环境中，钢铁战士们经年累月辛勤工作，把“996”当成人生的常态，希望能在一片红海中拼搏出人生的未来。而如果肯调整一下自己的雷达，便不难发现乡村才是未来中国最大的蓝海。这里有整个社会发展的短板，因而也蕴藏着更多的机会。

城市因为人口规模和消费能力的先天优势，一切需求都被放在放大镜下细细挖掘过了，几乎每个问题都有无数的解决方案，资本已经绝望到寄希望于能否“创造”需求了。但反观乡村，还有无数的问题需要解决，且没有现成的方案可用，因为城市的方法论大多并不适用于乡村。比如，城市的污水和垃圾都是集中式处理，这是城市的人口密度和规模使然。这种方案在众多乡村是行不通的。在乡村大规模铺设管网来收集污水，把垃圾拉到远处去做无害化处理，成本高到无法承受——而且，越是在经济不发达地区，城市化的处理方案就越昂贵。然而，我们是已经能够登上火星的一代人，家门口的问题难道真的无力解决吗？比尔·盖茨曾表达过这样的观点：之所以没有人为乡村开发负担得起的污水处理设备，是因为懂得这种技术的人在生活中从来没有受到过污水的困扰。[1] 掌握技术能力和资源的人生活在城市环境中，需求离自己很遥远，因此感受不到；有潜在需求的人习惯了这样的生活，因此想不到还有改变的必要和可能。事实上，当下乡村有待解决的问题，远远不止污水和垃圾。显而易见，这中间有空白需要填补。发现问题是解决问题的第一步，如果深入乡村，便会发现乡村需要改善的地方太多了，而且很多事情需要一步步来。

美国国防部高级研究计划署前主管雷吉纳·杜甘（Regina Dugan）曾说过一句至理名言："我们总是认为，会有一个比自己更聪明、更有才华、拥有更多资源的人来解决问题。但这些人其实只是我们想象出来的。"是的，与其等，不如自己来。况且，今天，我们有个坚定的信念：创新就是生产力，创新能力就是生产资料，创新能够为社会、企业、消费者创造价值，必定能转化为经济效益。你以自己的能力服务和贡献社会，社会便以荣誉和财富回报你，这个道理在今天这个时代已得到普遍印证。

乡村的需求是全方位的。越后妻有和濑户内的案例说明了文化和艺术对于乡村同样重要，更优质的乡村，渴望新文化、新艺术的生根发芽。中国的一些乡村，也有了艺术家、文化人建设的项目，尤其是建筑设计师们，正在一点点改变乡村的面貌。但是相比于中国如此广阔的农村，现在只能算是起步阶段，一切尚在摸索和尝试中，后面还有很长的路要走，还需要更多人投身其中。

此外，无论是农产品、土特产，还是乡村的旅游度假，相比于日本、意大利、泰国，中国的乡村都尚处于初级阶段，在明显的差距面前，有太多创意方向的工作可做了，不是吗？

以设计和创意创新作为发展新乡村的切入点，是基于一个洞察——今后一个阶段，让乡村变得更美是显而易见的社会需求。眼下中国的乡村满是漂亮但不舒适的传统建筑，和坚实但不够美观的新造楼宇。建设是城市永不落幕的乐章，对乡村也是一样。我们终将一代代进步，一点点改变面貌。过去，设计师很少介入乡村建筑，因为乡村鲜有业主愿意支付设计费；可喜的是，现在已经有了一些改变，未来一定会有更多积极的改变。我们相信，能够胜任乡村任务的设计师，必将是一群热爱乡村的人。热爱向来不是喊口号那么简单，热爱是会从行动中流露出来的。辨别一个人是否热爱乡村，最简单的方法就是看他是否乐于生活在乡村。好在这样的设计师已经出现，他们的作品正让乡村变得更美，也让生活变得更美好了。愿意生活在乡村的人和离不开城市的人，谁更适合服务乡村？乡村客户更愿意相信谁？可想而知。

新人类，新同类

世界上最远的距离，是隔着价值观的鸿沟相望。

价值观左右人们的判断。它深植于每个人的内心，融化在我们的血液里。因此，做评判时，我们常常忽略了思考，凭借的是由价值观主导的本能反应。

只要不触犯法律、不有违道德，价值观本身无可非议。不巧的是，现行的主流价值观是妨碍了乡村发展的，比如很多人信奉的“越多越好”。拥有得越多——钱财、名声、权力、寿命——一定越好，这个简单的标准，似乎可以用来衡量一切，并能生发出一系列操作规范和判断标准——“成功可以用名利来衡量”“越成功越幸福”“城市更容易让人成功”“城市一定比乡村好”……

只是，与相信“越多越好”的人相比，“生活本身”价值的信奉者更有可能成为乡村的新居民。对于前者，城市明显提供了更好的舞台，有更多的机会去实现他们看重的理想，以及更好的人生。乡村提供的是另一些价值。当城市正在把人隔绝开的时候，乡村是能把人聚集在一起的地方。在商业社会中，几乎一切都能用钱买到，哪怕用钱买不到的诸如健康、智慧，金钱也可以成为加分项。金钱确实可以买到更好的医疗服务、更好的教育条件，但买不到情感。认同金钱之外还有一个广阔世界的人，终会理解乡村难以替代的优势。

我们正站在一个门槛前，既不同于城市也不同于传统乡村的新生活画卷正在我们面前徐徐展开。截至目前，已有规模可观的人选择了乡村——他们原本生活在城市，或可以选择在城市生活，但举家搬离了城市，生活在了村落或小镇里。他们的选择至少引发了两个热点话题的讨论："返乡潮"和"逆城市化"。我们时不时就会在新闻中或社交媒体上看到这些人的故事。所以，虽然乡村生活尚是小众的选择、开拓性的尝试，且新乡村生活的模式尚未完全确立，但这个领域也早已不是一片空白。说到底，新乡村生活是更好生活的一个选项。经过过去十几年不断的尝试，我们正在迎来从"特殊性"转变为"平常心"的新乡村认同。

当下，乡村基础设施的发展、远程工作支持性技术的提升、被新冠肺炎疫情推动着不得不改变的作业模式，以及随之或主动或被动地改变的观念，都在抹平城乡差异、地域差异。这些改变，使得从城市到乡村的新型产业转移成为可能，也使得生活在乡村就必然低收入的认知被打破。

另一方面，乡村生活的消费更少、成本更低，原因不在于生活在乡村买不到东西，而在于需求减少了。“断舍离”——“断绝不需要的东西，舍去多余的事物，脱离对物品的执着”——这一理念的提出，本身就是对消费主义的反省。资本作为“越多越好”理念的拥趸，创造出大量炫耀性消费项目，给品牌赋予身份，敦促消费者通过购买获得身份标签，通过消费获得社会认同和尊重。

乡村的环境则支持更简单的生活，因为在熟人社会中，标签化的品牌作用不大。炫耀性消费是现代社会催生的快速识别体系，在没有时间深入了解对方的忙碌氛围中，靠外在的品牌 / 身份符号来辨别彼此是最高效的。而在乡村的熟人社会中，人们有足够的时间相处、认识彼此，所以往往不会“以貌取人”——靠外在的标签辨别一个人。这样一来，服饰便帮不上太多忙。乡村生活中，舒服的房子、服装、日用品，够用的代步工具，够好而不奢侈的饮食，田野中陪伴孩子成长的日子，需要钱，但不需要太多钱。这类似于数字游民式的“地理套现”：一个纽约的专栏作者的收入，可能只够他在布鲁克林地区租一个半地下室房间，而以同等收入生活在巴厘岛，则足够他“花天酒地”。按照发达城市的标准获得收入，生活在刨除了应酬和炫耀性消费的环境中，钱更值钱了，可以算是生活在乡村的一种福利。

乡村因为天然的地理尺度关系，活动区域集中，发生着高频的“社会性偶遇”，在人际关系的建立和巩固方面比城市更具优势。这也促使新乡村生活保持多样性和开放性。在一个多元开放的社区，各色人等聚在一起，便更容易遇见声气相投的人。所以，人们分散开来、各自去寻找宜居的乡村生活，不如聚群。乡村生活本身就是一个价值观过滤器，在一起，遇到同类的概率比较高。

这不是乌托邦，不是陶渊明的桃花源，也不是梭罗的瓦尔登湖，任何地方都一样会有世俗的烦恼、起伏的命运和无法预知的人生，但在这里，至少不用太紧张、太焦虑，也不用把太多时间花在应对拥堵的交通上。而且，这里离大自然也更近一点。

不会每个人都喜欢这种生活，也不需要每个人都喜欢，但总有人喜欢。只要这群喜欢的人能找到彼此，愿意一起创造出一个新乡村的模样，就足够了。在一起，一定可以的。

后记：幸福是每个人值得拥有的人生

有一则寓言是这么说的。曾有人和上帝讨论天堂与地狱的问题，上帝说：“来吧，我让你看看什么是地狱。”他们走到一个一群人围着一大锅肉汤的房间。每个人看上去都营养不良、绝望而又饥饿。在这里，每个人都拿着一个可以够到锅的汤匙，但汤匙的柄比他们的胳膊长，无法把东西送进嘴里。他们看起来非常痛苦。

“来吧！我再让你看看什么是天堂。”上帝讲道。他们走进另一个房间，这里和第一个房间没什么两样：一锅汤、一群人、一样的长柄汤匙。但每个人都很开心，吃得很快乐。因为他们用各自的汤匙将肉汤送进对方的口中。

相信“天堂”的场景不只在乡村才有，但是在乡村实现起来会容易一点。

2018 年 1 月，以特蕾莎 · 梅为首的英国政府设立了后来被媒体称作“孤独大臣”的职位。“孤独大臣”的设立，标志着孤独问题的关注度首次提升到了一个国家的中央政府层级，被认定为是一个需要明确战略并长期、持续关注的社会问题。三年后，2021 年，日本政府任命“孤独、孤立对策担当大臣”，日本成为第二个设立孤独问题相关应对机构的国家。长期以来，孤独一直被视为个人内心的一种感受，甚至可以是个人自主选择的一种生存状态。专职针对此一问题的政府机构的设立，大概说明：英国和日本政府认识到了孤独感会对个人造成危害，并且其普遍程度已使其值得被当成一个社会问题来认真对待。

回望历史，驱使人类不断向前的无非两点：活下去，以及过上更好的生活。占据人类历史最长时间的部分，是如何挣扎着“活下去”。在物质匮乏的时代，总是你少我才能多，甚至你死我才能活，于是人类在零和游戏中发展出来的“活下去”策略往往血腥残忍。工业革命到来，生产力大爆发，物质和资源的供给能力空前提升，然而惯性难以摆脱，认知更是难以及时更新，于是强大的工业能力被用来贯彻征服和消灭策略。二战后，人类社会实现了脆弱的平衡，终于跌跌撞撞地迎来了人类史上罕见的总体和平阶段，人们终于可以安心地追求“更好的生活”了。因此，“追求好生活”作为人类的共同心愿虽然由来已久，但在一个历史阶段里，却是新生事物。

新生事物必然受到历史惯性的拖累。在我们的视野内，历史书里写满了斗争策略，前辈口中满是斗争智慧，物质匮乏时代的烙印留存至今，这一切使得我们身处于难以抗拒的历史惯性中。但也正是此刻，我们该意识到是时候更新认知了。过去不值得认真对待的问题，现在突然变成制约社会发展的因素；过去不曾出现的问题，现在突然成为社会的病灶，迫切需要对口的解决方案，这即是迈入新时代的一个特征。英国和日本“孤独大臣”的设立，既是面对新时代、针对新问题的应对之策，也是人类进入新社会阶段的一个证明。

只要稍稍留意一下周遭，我们就能看到新时代的印记无处不在，新问题层出不穷。中国作为人口大国，出生率却在不断下滑；乡村在经济发展有史以来最好的阶段却开始凋敝，空心化日趋明显；老年人越来越多，寿命越来越长，在某种情境下竟亦有可能酿成社会问题；很多人明明衣食无忧、吃穿不愁，却常常处于焦虑和不安的情绪中；还有那高得惊人的离婚率……

越是在这种时刻，越是说明我们该停下来思考一下了。之所以出现诸多新问题，是因为社会环境的土壤改变了。就像在平均寿命不够长的年代里甚至没有足够的病例来辨识出癌症，遑论癌症被认定为主要死因；离婚率升高是因为女性日趋独立，不再需要紧紧依附于家庭和男人，社会进步带来整体提升的同时，也不可避免地随之产生新问题。我们不应奢望社会的无痛升级，更不应因为存在问题就反对甚至抵制社会发展。我们需要的，是在发展中找到问题的解法。

移居乡村就是解法之一。爱因斯坦说过，不能用造成问题的思路来解决问题。互联网时代的演化也屡次证明，能够取代昔日不可一世的王者的力量，往往来自意想不到的方向。乡村在下一轮社会演化中可能就会扮演这样的角色。工业化时代就是城市化时代，全社会最庞大、最优秀的资源都向城市汇集，创造了前所未有的繁荣景象，也淤积了难以化解的城市病。若说大都会是对过往物质匮乏生活的矫枉过正，那么物极必反的日子也就不远了。城市的快和乡村的慢，城市的紧张和乡村的散淡，城市的高速和乡村的缓慢，城市的寂寞和乡村的温暖，相辅相成、互为补充，才能提供人生自由选择的余地。与城市相比，目前的中国乡村还很弱小，还有很多不尽如人意之处，但这恰恰说明乡村有着巨大的发展潜力。如果新乡村的迭代演化成功，生活在更发达、更美丽、更宜居、更温暖的乡村，将会是中国人最幸福的生活方式之一。乡村在理想与现实之间的距离，是我们目力所及的未来，也是将会迎来高速发展的部分。

就个体而言，人生从来没有一条叫作“正确”的路，只有个人的喜欢或不喜欢。一个更好的社会，是让每个人都拥有选择的权利，让每个人在自己选择的生活方式中得到满足。人类的一切努力和奋斗，终归是要回归到一个个具体的人身上，以每个人的幸福作为终极目标。如若不然，还有什么意义？

注释

我们的简史

[1] Ignacio De la Torre. The origins of stone tool technology in Africa: a historical perspective [J]. Philosophical transactions of the Royal Society of London. Series B, Biological sciences, 2011, 366(1567).

[2] 农业的起源除气候变化外还包含人口增多等其他复杂因素，在此暂不讨论。参见：The Great Courses Daily. The Origins of Agriculture [EB/OL]. (2016-12-23) [2021-08-05]. https://www.thegreatcoursesdaily.com/origins-of-agriculture/.

[3] 新浪科技 . 我们的地球曾经寒冷到什么程度？ [EB/OL]. (2021-03-09) [2021-08-05]. https://finance.sina.com.cn/tech/2021-03-09/doc-ikkntiak6482853.shtml.

[4] National Geographic. Key Components of Civilization [EB/OL]. (2018-02-06) [2021-08-05]. www.nationalgeographic.org/article/key-components-civilization/.

[5] Stephen L, et al. The extinction of the dinosaurs [J]. Biological Reviews, 2015, 90(2).

[6] 邓巴 . 人类的演化 [M]. 上海：上海文艺出版社，2016.

[7] 马克思，恩格斯 . 马克思恩格斯选集：第二卷 [M]. 中共中央马克思恩格斯列宁斯大林著作编译局编译 . 北京：人民出版社，1995.

[8] 中国社会科学网 . 英国城市化发展的特征与启示 [EB/OL]. (2012-07-16) [2021-08-05]. http://www.cssn.cn/sf/bwsf_jj/201310/t20131022_447536.shtml.

[9] 搜狐新闻 . 2011 年中国大陆城镇人口数量首超农村 [EB/OL]. (2012-01-17) [2021-08-05]. http://news.sohu.com/20120117/n332428015.shtml.

细细的红线

[1] [英]斯当东．英使谒见乾隆纪实[M]. 叶笃义，译．北京：商务印书馆，1963.

[2] 国务院扶贫办综合司．人类历史上最波澜壮阔的减贫篇章——新中国成立70年来扶贫成就与经验[N/OL]. 光明日报，(2019-09-18)[2021-10-08].https://epaper.gmw.cn/gmrb/html/2019-09/18/nw.D110000gmrb_20190918_1-09.htm.

[3] 边际效益与边际成本指的是卖主在市场上多投入一单位产量所得到的追加收入与所支付的追加成本。当这种追加收入大于追加成本时，卖主会扩大生产；当这种追加收入等于追加成本时，卖主可以得到最大利润，即达到最大利润点；如果再扩大生产，追加收入就有可能小于追加成本，卖主会亏损。参见：黄汉江．投资大辞典[M]. 上海：上海社会科学院出版社，1990.

[4] Gardner B, Rebar A. Habit Formation and Behavior Change [J]. Oxford Research Encyclopedia of Psychology, 2019.

[5] 一项实验中表明，工作满意度不会随着收入的增加而上升。外在导向的人（即那些更重视拥有很多东西和赚很多钱的人）往往对工作不太满意，对生活不太满意，并且感觉成就感较低。内在导向的个人（即那些更重视归属感和社区的人）则表现出更高水平的工作和生活满意度，以及成就感。

无邻的一代

[1] 2019年人均生活用电数据：中国732kWh，美国4865kWh。参见：王庆一．2020能源数据．北京：绿色创新发展中心．

[2] Lily, Clyde. 嘿，邻居！中国邻里关系调查[J]. 魅力中国(19): 2.

孤独是警讯

[1] UCLA. The pain of chronic loneliness can be detrimental to your health [EB/OL]. (2016-12-21)[2021-08-05]. https://newsroom.ucla.edu/stories/stories-20161206.

[2] “社交货币”概念由皮埃尔·布尔迪厄在《社会资本论》中首次提出。就像人们使用货币能买到商品或服务一样，使用社交货币能够获得家人、朋友和同事的更多好评和更积极的印象。

[3] 芝加哥大学教授 John Cacioppo 是较早地系统研究互联网社交的学者。在一次个人访谈中，他总结道：“我们做了一项研究，观察了人们在社交网站、聊天室、游戏网站、约会网站和与朋友面对面交流的比例。面对面交流的频率越高，人们越不孤独。”参见网页：http://f2finternational.org/interview-john-cacioppo-science-loneliness/.

环境！环境！

[1] Tarr B, Launay J, Dunbar R I M. Silent disco: dancing in synchrony leads to elevated pain thresholds and social closeness [J]. Evolution and Human Behavior, 2016, 37(5):343-349.

重新看见乡村

[1] 深圳市统计局. 深圳市 2010 年第六次全国人口普查主要数据 [EB/OL]. (2011-05-17)[2021-08-05].http://www.sz.gov.cn/zfgb/2011/gb743/content/post_4985469.html.

[2] 中华人民共和国中央人民政府. 中国城镇人口首次超过农村人口 [EB/OL]. (2012-08-14)[2021-08-05]. http://www.gov.cn/jrzg/2012-08/14/content_2204179.htm.

[3] 观察者网 . 坐拥 27 亿月活用户，脸书推出美版“微信支付”[EB/OL]. (2019-11-13) [2021-11-16]. https://www.guancha.cn/economy/2019_11_13_525035.shtml.

大理社区简史

[1] 阿城 . 常识与通识 [M]. 北京：作家出版社，1999.

乡村健康方案

[1] 前瞻产业研究院 . 2021 年中国医疗机器人产业全景图谱，市场规模高速增长 [EB/OL]. (2021-05-12) [2021-11-30]. https://www.ofweek.com/medical/2021-05/ART-11158-8420-30497774_3.html.

[2] 前瞻产业研究院 . 行业深度！一文了解 2021 年中国医疗机器人行业市场规模、竞争格局及发展前景 [EB/OL]. (2021-09-02) [2021-11-16]. https://bg.qianzhan.com/trends/detail/506/210902-2ff38889.html.

教育的明天

[1] 正观新闻 . 人大、武大毕业生进烟厂当流水线工人，河南中烟回应流水线上研究生超 30%[EB/OL]. (2021-07-14) [2021-11-16]. https://www.zhengguannews.cn/html/news/67618.html.

[2] TED 演讲，题为“Do schools kill creativity”。

[3] AltSchool 是旧金山湾区的一所新型学校。这所学校把科技融入管理之中，聘请了大量有远见的教师，针对每个学生进行个性化教育。Khan Lab School（KLS）是由 Salman Khan 于 2014 年创立的非营利性、以掌握为基础

（mastery-based）、混龄教育、混合学科学习的学校。High Tech High School 是一所位于美国加州圣地亚哥的特许学校（Charter School），在以学生为核心的学习环境中，学生使用最先进的技术来发挥个人潜力，由熟练、富有创新精神的员工以应用学习技术和协作来推动。Avenue School 创行“一所学校，多个校区”，通过共同的愿景、共享的课程体系、统一的全球招生标准搭建全球教育体系。

未来的主人翁

[1] 美国颁布平权法案（Affirmative Action）后，降低了亚裔学生进入好大学的概率。参见：新华社 . 美国大学“逆向歧视”案：亚裔学生“躺枪”[EB/OL]. (2016-06-25)[2021-10-08]. http://www.xinhuanet.com/world/2016-06/25/c_129088463.htm.

创新即未来

[1] Sony CSL Music Team. Daddy's Car: a song composed with Artificial Intelligence in the style of the Beatles [EB/OL]. (2016-09-19) [2021-11-16]. https://www.youtube.com/watch? v=LSHZ_b05W7o.

[2] 音乐先声 . AI 写的歌，应该受到版权保护吗？ [EB/OL]. (2019-06-14) [2021-11-16]. http://www.woshipm.com/ai/2460525.html.

[3] Frey C B, Osborne M A. The future of employment: How susceptible are jobs to computerisation ？ [J]. Technological Forecasting and Social Change, 2017, 114:254-280.

硅谷传奇

[1] 柠檬 LED.《硅谷》前史，“八叛徒”与仙童半导体的故事 [EB/OL]. (2021-02-16) [2021-11-16]. https://zhuanlan.zhihu.com/p/115828879.

我们这样工作

[1] 新周刊 . 470 亿的共享办公，终于把我的工作能力废掉了 [EB/OL]. (2020-01-15) [2021-11-16]. https://tech.sina.com.cn/i/2020-01-15/doc-iihnzahk4175859.shtml.

我们的小镇观点

[1] 施展 . 溢出：中国制造未来史 [M]. 北京：中信出版集团股份有限公司，2020.

小镇新产业

[1] 爱范儿 . 比尔 · 盖茨喝“粪水”，是有原因的 [EB/OL]. (2015-08-13) [2021-11-16]. https://www.ifanr.com/551717.

图书在版编目（CIP）数据

理想的小镇 / 李彦漪著. -- 北京 : 生活书店出版有限公司, 2023.9

ISBN 978-7-80768-393-3

Ⅰ. ①理… Ⅱ. ①李… Ⅲ. ①乡村规划—研究—中国 Ⅳ. ①TU982.29

中国版本图书馆CIP数据核字(2022)第228701号

出　　品　白茶原（浙江·安吉）
策　　划　ACDC 编辑室
责任编辑　李方晴
责任印制　孙　明

出版发行　生活書店出版有限公司
（北京市东城区美术馆东街22 号）
邮　编　100010
经　销　新华书店
印　刷　北京启航东方印刷有限公司
版　次　2023 年9月北京第 1 版　2023 年9月北京第 1 次印刷
开　本　889 毫米 × 1194 毫米 1/32 印张8
字　数　130 千字
印　数　0,001—5,000 册
定　价　75.00 元
（印装查询：010-64052066；邮购查询：010-84010542）